周　期　表

10	11	12	13	14	15	16	17	18
								$_{2}$He ヘリウム 4.003
			$_{5}$B ホウ素 10.81	$_{6}$C 炭素 12.01	$_{7}$N 窒素 14.01	$_{8}$O 酸素 16.00	$_{9}$F フッ素 19.00	$_{10}$Ne ネオン 20.18
			$_{13}$Al アルミニウム 26.98	$_{14}$Si ケイ素 28.09	$_{15}$P リン 30.97	$_{16}$S 硫黄 32.07	$_{17}$Cl 塩素 35.45	$_{18}$Ar アルゴン 39.95
$_{28}$Ni ニッケル 58.69	$_{29}$Cu 銅 63.55	$_{30}$Zn 亜鉛 65.38	$_{31}$Ga ガリウム 69.72	$_{32}$Ge ゲルマニウム 72.64	$_{33}$As ヒ素 74.92	$_{34}$Se セレン 78.96	$_{35}$Br 臭素 79.90	$_{36}$Kr クリプトン 83.80
$_{46}$Pd パラジウム 106.4	$_{47}$Ag 銀 107.9	$_{48}$Cd カドミウム 112.4	$_{49}$In インジウム 114.8	$_{50}$Sn スズ 118.7	$_{51}$Sb アンチモン 121.8	$_{52}$Te テルル 127.6	$_{53}$I ヨウ素 126.9	$_{54}$Xe キセノン 131.3
$_{78}$Pt 白金 195.1	$_{79}$Au 金 197.0	$_{80}$Hg 水銀 200.6	$_{81}$Tl タリウム 204.4	$_{82}$Pb 鉛 207.2	$_{83}$Bi ビスマス 209.0	$_{84}$Po ポロニウム 〔210〕	$_{85}$At アスタチン 〔210〕	$_{86}$Rn ラドン 〔222〕
$_{110}$Ds ダームスタチウム 〔281〕	$_{111}$Rg レントゲニウム 〔280〕	$_{112}$Cn コペルニシウム 〔285〕	$_{113}$Nh ニホニウム 〔278〕	$_{114}$Fl フレロビウム 〔289〕	$_{115}$Mc モスコビウム 〔289〕	$_{116}$Lv リバモリウム 〔293〕	$_{117}$Ts テネシン 〔293〕	$_{118}$Og オガネソン 〔294〕

$_{64}$Gd ガドリニウム 157.3	$_{65}$Tb テルビウム 158.9	$_{66}$Dy ジスプロシウム 162.5	$_{67}$Ho ホルミウム 164.9	$_{68}$Er エルビウム 167.3	$_{69}$Tm ツリウム 168.9	$_{70}$Yb イッテルビウム 173.1	$_{71}$Lu ルテチウム 175.0
$_{96}$Cm キュリウム 〔247〕	$_{97}$Bk バークリウム 〔247〕	$_{98}$Cf カリホルニウム 〔252〕	$_{99}$Es アインスタイニウム 〔252〕	$_{100}$Fm フェルミウム 〔257〕	$_{101}$Md メンデレビウム 〔258〕	$_{102}$No ノーベリウム 〔259〕	$_{103}$Lr ローレンシウム 〔262〕

104 番元素以降の諸元素の化学的性質は明らかになっているとはいえない.

化学のちから

生命・環境・エネルギーの理解のために

岡野 光俊 著

裳華房

Power of Chemistry

−For those who Begin to Learn Chemistry−

by

Mitsutoshi OKANO

SHOKABO

TOKYO

まえがき

化学が活躍している！

化学はあらゆるところで活躍しています。毎日食べる食品も、病気になったときに飲む薬も、みな化学の力で作られています。住む家や着る服もそうです。エネルギー関連では、環境にやさしい燃料、電池や太陽電池などを提供しています。このように、社会のあらゆるところで、化学は活躍しているのです。また、化学はこれらの例のような「物を作ったり」「動かしたりする」場面だけでなく、「物を調べる」場面でも欠かせません。血液分析、食品分析、工業製品の検査から犯罪捜査まで、化学はあらゆるものを調べる場面で活躍しています。

このような理由により、非常に多くの人が化学を学びます。医者、看護師、食品や栄養分野の人、各種工業製品を作る人、環境を考える人…。化学はすべての人に必要な学問なのです。

初めて化学を学ぶ人へ

この本は、化学をゼロから学ぶ人を想定して書かれています。ですから、化学を学んだことのない高校生はもちろんのこと、中学生でも読み進むことができます。高校で充分に化学を学んでいない大学生や、化学とは無縁のまま社会人になった人であっても、環境問題に関心を持ち、環境の深い理解に近づきたいと願う人には、ぜひとも読んでいただきたい本です。この本を読んで、化学のおもしろさや重要性に気づいていただけるなら、著者としてはこの上ない喜びです。

本書は、本文、側注（各ページ本文わきの解説）、発展学習、ワンポイント・レッスンから構成されていますが、化学をゼロから学ぶ人を強く意識して構成しています。**本文は、簡単明瞭さとストーリー性を重視して書かれています。**化学の初心者の人は、本文を読み通すことを大切にしてください（一度通読して、ぜひ何度も読み直してください）。**側注には、「本文に書き入れられないけれども、知っているとさらに良い」ことが随所に書かれています。**「本文の理解を助けること」を多く記したつもりですが、一部、少し高度な話も書かれています。ここに書かれていることが完全に理解できなくても気にせず、本文を読み進めてください。二度め以降の読み直しのときに、側注をていねいに見ていく（必要に応じてインターネットで調べたりもする）のもよいと思います。**側注には、各章の記載事項の知識をつなげる役割もあります。**本文の内容が、何とつながっているのかを示すことにより、学びやすさやおもしろさにつながることを願っています。**発展学習には、**本文や側注に書ききれなかったことに加え、**「考える力を養う話題」を豊富に用意しました。**考える力をつけることにより、知識は何倍もの意味を持つことになるからです。化学を楽しむつもりで、ぜひ自分の頭で考えてみてください。**ワンポイント・レッスンには、「しっかりと慣れて力をつける」ことを目的とした項目が整理してあります。**本書を読んだあと、高校、専門学校、大学、その他でさらに学びを続けようという人は、化学で使う言葉や考え方に充分に慣れる必要があります。ワンポイント・レッスンは、そのような人にとって、大切な内容になっています。

本書の構成

「一つ学んだら、それを利用して、たくさん考える」ような学びができる本、「化学の知識が生きる！」を実感できる本を目指して構成しました。

第 1 部（第 1 編から第 3 編）では、第 4 編以降を理解するための化学の基礎知識を、化学の知識がゼロの人でも学べるところから、ていねいに解説します。

第1編では、物質が「原子」から構成されていることを理解し、物質のなりたちの基本を理解します。

第2編では、水が氷・水・水蒸気といったようにさまざまな顔を見せるように、物質がさまざまな顔を見せることを理解するうえで欠くことのできない「分子」について理解し、その振る舞いの基本を理解します。

第3編では、ある物質が別の物質に変化する「反応」について理解し、身の回りのさまざまな現象の中で反応が起こっていることを理解します。

第2部（第4編から第5編）では、身の回りの世界を化学物質の種類の観点から分類し、理解できるようになることを目指します。

第4編では、有機化合物のなりたちを理解し、身の回りでの活躍を理解することを目指します。

第5編では、無機化合物のなりたちを理解し、身の回りでの活躍を理解することを目指します。

第3部（第6編から第8編）では、私たちが生きていくうえで最も重要な課題である「エネルギー」「生命」「環境」に焦点を当て、第5編までに学んだ知識を駆使して、その理解を目指します。

第6編では、エネルギーの基本を理解し、特に重要な熱エネルギー・電気エネルギー・化学エネルギーの関係を中心に理解を深めます。

第7編では、生命が何からできているのか、概略のイメージを持つことができるように学びます。また、生命の中で起こる反応についても学び、生命の理解をさらに深めます。

第8編では、環境のなりたちを化学の立場から整理して理解します。続いて、化学の力で環境の状態を明らかにし、守っていくことについて学びます。

本書を教科書として利用される先生方へ

本書は、大学、短大、専門学校他の1年生の化学の教科書に適しています。さまざまな学習履歴を持つ、化学の初心者寄りの学生に適した教科書です。さらに、本文は比較的平易な内容ですので、本文の部分を予習させる利用方法はとてもおもしろい授業運営につながります。最近話題になっている『**反転授業**』です。授業時の議論のテーマに関するヒントは、「発展学習」にちりばめられていることに気づくと思います。すべての回の授業を反転授業の形にする必要もないと思いますので、何回かだけでも反転授業の形を採用するといった形が、現実的かつ有意義かもしれません。また、普通の授業の中に、反転授業と呼ばれる授業の形の「性格」を一部入れ込むという形の方が、さらに良いのかもしれません。いずれにしても、授業は学生（相手）がいてやるものですから、学生次第ともいえると思います。

謝　辞

本書の出版にあたりご助言をいただきました帝京科学大学の釘田強志教授に心より感謝申し上げます。また、暖かいお心遣いをいただきました（株）裳華房編集部の小島敏照氏に感謝申し上げます。

2018年2月

岡野　光俊

目　　次

第1部　化学の基礎知識

第1編　物質の基本構造

第2編　分子が躍動する

第2部　身の回りの化学物質

第4編　化学物質が活躍する －有機編－

第5編　化学物質が活躍する －無機編－

第3部　エネルギー・生命・環境

第6編　エネルギー

第7編　生命の化学

第8編　環境化学

第21章　環境のなりたち　93

第22章　環境問題と化学の役割　99

発展学習の重要ポイント解説　105

ワンポイント・レッスン　111

ワンポイント・レッスン 解答　123

化学関係基本英単語　126

第1部　化学の基礎知識

第1編　物質の基本構造

最初に、物質を構成する基本粒子である原子について学びます。次に、これらの原子がつながりあう（集まりあって形を作る）結合について学びます。そして、身の回りの物質を原子からできあがっていることを意識しながら分類できるように学びます。まさに、化学の第1歩です。

第1章　物質を構成する基本粒子

化学は、目に見えない世界を相手にするとてもエキサイティングな学問です。むずかしく考える必要はありません。目に見えているかのように想像力を働かせればよいだけです。

1.1　原　子

私たちの身の回りには、さまざまな物があふれています。空気があって呼吸ができ、目の前においしい食べ物があっていい香りがしたりします。むずかしい本とノートが開かれている人もいるかもしれません。着ている服があり、家（建物）があり、家の外には草や木も生えています。地面があり、空には宇宙空間に浮かぶ別の天体が見えたりもします。なんて多様で、飽きのこない、楽しい、すばらしい世界なのでしょう。

さまざまな物であふれるすばらしい世界！

私たちの身の回りの物、そして私たち自身もですが、これらはすべて**原子**（げんし）からできています。原子は、すべての物を構成する基本粒子です。目で見ることができないほど小さいものです。

原子の形など：　やわらかい「球」のイメージ

原子の大きさ（直径）：　約 1×10^{-10} m（メートル）*1

原子には、大きさの異なる原子があります。その種類は**約100種類**です。私たちの身の回りの物は、すべて、この約100種類の原子でできています。こんなに多様な世界なのに、たった約100種類の原子からできているなんて、驚きですね。でも、長い年月をかけて、多くの人が努力して明らかにしてきたことです。間違いありません。あなたがこれから化学を学ぶならば、先を急ぐことはありませんから、まず、ここでしっかりと驚いておくべきだと思います。それが化学を実感することであり、化学を楽しむことにつながるからです。

*1　非常に小さな（大きな）数字の表し方は、ワンポイント・レッスン1（p. 111）で学んでください。

さまざまな大きさの原子（イメージ）

次に原子の種類について考えるとき使う言葉を一つ覚えましょう。原子の種類は、**元素**（げんそ）という言葉で表現されます。数などを意識しているときは原子という言葉を使い、種類を意識しているときは元素という言葉を使います。原子という言葉と元素という言葉を使い分けるのはむずかしいものです。あまり気にせず学習を進めた方がよいでしょう。そのうち慣れるし、まず困ることはありませんから*2。

*2　物についていうとき、形などを意識しているときは**物体**という言葉を使い、何でできているかを意識しているときは**物質**という言葉を使います。これと少し似ていると感じる人もいるかもしれません。

1.2　元素の周期表

元素を紹介しましょう。本書表紙の内側（見返し）を見てください。この表は、元素の**周期表**（しゅうきひょう）と呼ばれるもので、今までに知られているすべての元素が示されている表です*3。小さいものから順番に書いてあります。水素、ヘリウム、リチウム…と書いてあるのが、元素の名前です。少し変わった並び方をしていますが、今は気にしないでください。ずーっと見ていくと、118番まで出ているようですが*4、118種類と覚える必要はないでしょう。**約100種類**となら、覚えようとする前に、驚いた瞬間にもう覚えましたよね。

*3　この表を見ているだけでワクワクする人は、化学に向いていますよ。

*4　この数字は**原子番号**と呼ばれる数字です。

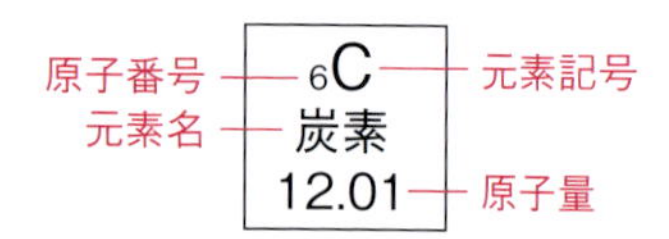

周期表の見方（炭素の例）

元素の名前の上に記号がいっしょに出ていますね。これは各元素を表す記号で、**元素記号**（げんそきごう）と呼ばれるものです。水素がHと表されるようですね。化学に驚きを持って楽しく学んでいたら、そのうちかなりの数を自然に覚えてしまいますから、ここで覚えようとしてはいけませんよ。

覚えてほしいのは「**周期表で縦に並んでいる元素は化学的に似た性質を示す**」ということです*5。つまり、一番左の縦の列ならば、水素、リチウム、ナトリウム、カリウム…は似た性質を示すということです。なぜそうなるのかは、学習を進めると理解できるようになります。化学では、たくさんのものを学びますので、**似ているものを探して整理して理解する**ことが非常に大切です。周期表の縦の列は、その最初になります。

*5　周期表の縦のグループは、**族**（ぞく）と呼ばれます。一番左は1族（水素、リチウム…）、一番右は18族（ヘリウム、ネオン…）です。

1.3　各元素の存在量

約100種類の元素があることを知りましたが、これらはみな同じぐらいの量存在するのでしょうか？　答えはNOです。地球上にどんな元素がそれぞれどれぐらい存在するのか知ることは大切です。生命はそれらの元素により形作られ、私たちの豊かなくらしも、それらの元素に支えられて築かれているのですから当然です。例えば、金（きん）は元素の一種ですが、これが貴重で（手に入りにくく）非常に高価だということは知っていますよね。指輪などに使用される白金（はっきん）という元素も、貴重でとても高価だと知っている人が多いと思います*6。

地球上の元素の割合は？

*6　金は原子番号79、白金は原子番号78の元素です。周期表の中に見つけて、その元素記号を見てみましょう。

地球の地表近くにある元素の存在比は、1番は酸素、2番はケイ素、3番はアルミニウムとされています*7。地球は酸素という元素が豊富な星なのですね。空気にも酸素が20%と豊富に含まれています。

*7　昔は**クラーク数**という元素の存在比を示す数字が有名でしたが、古い見積もりなので、最近はほとんどこの名を聞きません。

1.4　植物に必要な元素

地球上の生命は、そのほとんどすべてが、植物に依存して生きています。食物連鎖のことを考えれば、納得できます。植物は、地球にある元素と太陽エネルギーを使って成長します。草食動物がこれを食べ、肉食動物がそれらの動物を食べています。ですから、植物はどのような元素でできているのか、植物が育つにはどのような元素が必要なのかということは、大変興味深い問題です[*8]。

植物が生きるために必要な元素は、(植物の種類によって多少の違いはありますが) 17 種類といわれています[*9]。たったの 17 種類です。このうち多く必要なのが 8 元素、微量必要なのが 9 元素です。

多く必要な元素：炭素、水素、酸素、窒素、リン、カリウム、カルシウム、マグネシウム

微量必要な元素：鉄、イオウ[*10]、マンガン、ホウ素、亜鉛、銅、モリブデン、塩素、ニッケル

上記の 8 元素は、もちろん地球上では比較的豊富に存在するわけですが、月や火星ではどうでしょう？　将来、人類が他の星に住むとしたら、そこにこれらの元素があることがとても重要になりますね。

「貧血だから鉄分の豊富な食品を食べなさい。」といわれたことはありませんか？　植物にとっては、鉄は微量必要な元素の中でも比較的多く必要な元素です[*11]。植物由来の食材なら何を食べてもよさそうに思えるかもしれません。しかし、米やジャガイモなどは、栄養を貯めこんでいる部分であって、植物のからだとしては特殊な部分です。このような部分には、鉄分が少なくても不思議はありません。鉄分が豊富な野菜としては、ホウレンソウ、枝豆、パセリなどがあります。

*8　インターネットで、「栄養素 (植物)」という言葉で検索すると、いろいろな情報が得られます。

*9　肥料の基本として「窒素・リン酸・カリ」とよくいわれます。N・P・K が大切ということですね。もちろん、これら三元素は、多く必要な元素に分類されています。

*10　イオウは漢字では、硫黄と書かれます。

*11　『日本食品標準成分表』も、鉄分など元素と関係づけた見方をするとおもしろいですよ。

1.5　原子などの数え方

化学では、原子など、非常に小さな粒子を扱います。スプーン一杯でも、そこにはものすごい数の原子がのっています。このような状況では、直接何個ということはむずかしくなります。そこで、この数を表すために**モル**という言葉 (単位) を使います[*12]。

鉛筆を数えるとき、昔、よく「ダース」という言葉 (単位) を使いました。1 ダースの鉛筆は 12 本、2 ダースならば 24 本。12 本入り (1 ダース) で鉛筆は売られていました。原子の場合、ものすごい数なので、12 個ずつダースで数えてもまったく楽になりません。そこで、考え出されたのが、6.02×10^{23} 個[*13]ずつ数える**モル (mol)** という言葉 (単位) です。6.02×10^{23} 個あれば 1 モル、その 2 倍あれば 2 モルという言い方になります[*14]。なぜこんな半端な数字なのか気になるかもしれませんが、その

*12　英語では mole、短縮表記で mol です。

*13　この数字は**アボガドロ数**といいます。

*14　ワンポイント・レッスン 2 (p. 112) でモルに慣れてください。

話をすると長くなるのでやめておきましょう。

1.6　原子の重さ －質量－

原子の大きさや数え方が分かりましたので、あとは重さを学びましょう。重さのことは、化学（科学）では、**質量**といいます。地球で 1 kg の物でも、月へ持っていくと重力が弱いので軽くなるという話を聞いたことがあるでしょう[*15]。物質自体は何も変わっていないので、「重さ」とは違う表現が欲しくなります。それが、「質量」という言葉です。化学の初心者は、質量といわれたら重さのことだと分かればよいでしょう。

原子の質量は、周期表を見ると知ることができます。例えば、水素のところを見ると、元素記号 H の下に、1.008 という数字が書かれています。これは**原子量**と呼ばれる（単位を持たない）数字です。水素の原子が 1 モル集まると 1.008 g になることを意味します[*16]。1 モルというのは、人が暮らす世界の感覚で理解しやすい重さであり量になっています。

以上は、物質の量に関する話です。物質の量は、「**物質量**」と表現されます。「物質量はどれぐらいですか？」と聞かれたら、「○モルです。」のように答えることになります。

＊15　月面上では、地球上と比べると、「質量」は変わりませんが、「重さ」が約 6 分の 1 になるそうです。

＊16　他の元素の原子量も周期表で見てみましょう。原子番号の 2 倍ぐらいのものが多いようですね。

発展学習

1.1　インターネットを使って、月や火星の表面にある元素について情報を集めてみましょう。「月　元素組成」などの言葉で検索して探すと出てきます。（組成とは、成分および量の割合のことです。）

1.2　鉄が豊富な食品、マグネシウムが豊富な食品を、インターネットで調べてみましょう。

1.3　人に有害な元素はあるのでしょうか？　植物に多く含まれる元素は問題ないでしょう。四大公害で問題になった元素はなんだったか、インターネットで調べてみましょう。

1.4　あなたの目の前に何か平らなものはありますか？　それは原子レベルで見てどれぐらい平らなのでしょう？　想像してみてください。原子レベルでものを考える練習です。→ ポイント解説あり（p. 105）

1.5　目で見える限界は約 0.1 mm（1×10^{-4} m）といわれます。今、0.1 mm の厚さを持つフィルムがあるとします。このフィルムの厚さ方向には原子が何個ぐらい並んでいるでしょうか。計算せずに答えてみましょう。→ ポイント解説あり（p. 105）

1.6　周期表を見て、ナトリウム（Na）と似た性質を持つ元素を二つ、名前と元素記号をあげてみましょう。→ ポイント解説あり（p. 105）

1.7　周期表を見て、17 族の元素を小さい方から順に、名前と元素記号で書きなさい。

1.8　鉄の原子が、1.2×10^{24} 個あると言うのと、2 モルあると言うのとどちらが楽ですか？　聞き取りやすいのはどちらですか？

1.9　生物が生命を維持するために欠かせない元素は**必須元素**と呼ばれます。必要とする元素（主要元素）を動物の場合と植物の場合とで比べてみると、きっとおもしろいですよ。（似た言葉に**生元素**があります。）

第2章 物質の分類

これから本格的に化学を学びますが、つねに例外があることを覚えておきましょう。しかし、例外を気にしていると全体をとらえることがむずかしくなります。ですから、(他の本でもそうですが) この本では特に、例外を気にせず、できるだけシンプルに分かりやすく説明します。化学の初心者には、そのように学ぶことがとても大切です。この本に書かれていることと異なることや物に出会ったときは、「あ、例外なんだな」「おもしろいな」と受け止めてください。

2.1 物質の分類

私たちの身の回りにはさまざまな物があふれています。どんな元素からできているか、という単純な考え方ではなく、もう一歩進んだ化学の考え方に進みましょう。

身の回りの物を化学的に理解するためには、化学の見方で分類して理解する必要があります。分類して理解できていることこそが、「分かる」ということの第一歩なのです。おすすめの分類は、まず、「**有機物**(ゆうきぶつ)」と「**無機物**(むきぶつ)」に分けることです。“化学の見方で” の部分は、少しずつ分かるようになれば充分なので、まだ、あまり気にしないでください。

「**有機物**」は、昔、生命と関係した神秘的な物質ととらえられていて、人間には作り出せない物と考えられていました[*1]。しかし、今では、人の手によって、有機物でないものから作り出せます。生命を作ることはできませんが、生命を構成する物質の多くは人工的に作ることができます。複雑すぎて作ることができない物質も、その構造が分かっている場合が多くあります。少しずつ学びますが、「有機物」は炭素 (C)、水素 (H)、酸素 (O)、窒素 (N) といった元素を中心としてできているということを、ここでは覚えておきましょう[*2]。

「無機物」は、有機物以外のすべての物質と理解してください。周期表には約 100 種類の元素がありますから、無機物に関係する元素は、有機物に比べて大変種類が多いことになります。(有機物を構成する元素が無機物の中に見られることもあります。)

おすすめの分類では、「無機物」をさらに二つに分けて、全体では次の三つに分類します。「有機物」「無機物 (金属以外)」「無機物 (金属)」です。どんな元素がどのように結びついてできているかによって分類されますが、その結びつき方はもう少し先で学ぶことにして、まずは、それぞれの特徴を使ってこれらを見分けられるようになりましょう。

*1　生命に由来したものだから有機物だな…という判断が、物を見分けるときに、化学の初心者には大変有効です。

*2　構成する元素の種類は少ないのですが、有機物には大変多くの種類があります。その理由は、学ぶにつれてだんだん分かります。

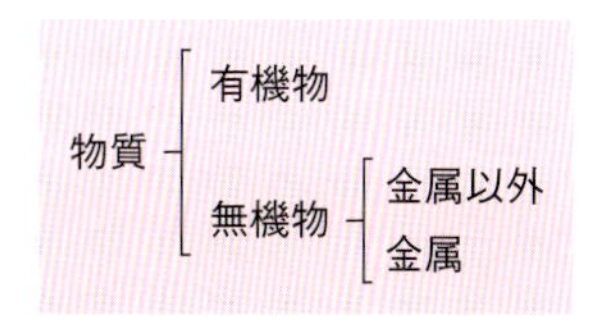

2.2　有機物のイメージを持とう

「有機物」「無機物（金属以外）」「無機物（金属）」を見分けられるようになるために、まず、「有機物」のイメージを持ちましょう*3。

＊3　形あるものを例にしてイメージを作っていきます。形のないものはイメージするのがむずかしくなりますので、勉強が進んでからでよいでしょう。

「有機物」は前述のように、生命に関係するものとして理解されていたものですから、生命に関係するものはほぼすべて有機物として理解しましょう（例外にあたっても気にしないで）。ここでは、イメージをより具体的にするために、いくつかの例をあげます。

わりばし	植物（生物）の一部
お米	植物（生物）の一部
紙	植物（生物）の一部を使って作られる
布	綿は植物（生物）の一部
油	植物（生物）や動物（生物）からとれる
お酒の成分	穀物や果実など（生物）の一部を使って作られる

植物由来の有機物は、大昔からさまざまな形で利用されてきたことが分かると思います。衣食住のすべてにおいて、使われていたといえるでしょう。

「有機物」の性質の中で一番大切なのは、燃えることと軽いことです*4。ろうそくが燃えることは知っているはずです。草や木は、水を含んでいるうちは燃えにくいのですが、乾燥したものはよく燃えます。木は軽く、水に浮きます。

＊4　有機物は燃えやすいので、高い温度になる物（フライパンとか）には使えません。木造家屋は燃えやすいという欠点があるととらえることもできます。

2.3　無機物（金属以外）のイメージを持とう

「無機物（金属以外）」について考えましょう。その代表としては、石をイメージするとよいでしょう。大きいものは岩、小さいものは石、小石、砂利（じゃり）、もっと小さいものは砂と呼ばれます。ただし、土や泥と呼ばれるものは、かなり有機物と混ざり合った状態にあるようです。

自然からとれた石でできたものはいろいろあります。建築物を作る例はよく知られていますね。古代遺跡も残っていますから、丈夫（材料として安定）だということも分かります。現在でも、建物の外壁や床の材料などに使われています。

人工的に作ったもので身の回りにある物としては、焼き物をイメージするとよいでしょう。食卓で使用する“ちゃわん”の類です。木（有機物）でできた“おわん”じゃありませんよ、落とすと割れやすい“おちゃわん”などです。ガラスも無機物（金属以外）の仲間です。

無機物（金属以外）の特徴は、熱に強いことです。鍋（なべ）料理用の土鍋やレンガ作りの暖炉、ピザを焼く釜（かま）のイメージを持つのもよいでしょう。

おちゃわん（上）とガラスのタンブラー（下）

2.4　無機物（金属）のイメージを持とう

「無機物（金属）」について考えましょう。金属は大変特殊な物質で、自然界にはほとんど存在しません。自然界に見出される金属は、砂金として見つかる金ぐらいです[*5]。私たちの身の回りにたくさんある金属は、化学の力により、ほとんどすべて人工的に作られたものということになります。歴史を学ぶと、青銅器時代や鉄器時代などと呼ばれる時代があり、人類が優秀な金属を徐々に作り出すことができるようになってきたことが分かります。

*5　隕石の中に鉄が見つかることも知られています。

金属の代表としては、鉄とアルミニウムをイメージするとよいでしょう。ビルを建てるときには、骨組に鉄筋を使います。窓枠には、アルミニウムでできたサッシがよく使われます。飲み物の缶も、アルミニウムか鉄でできています。金属の特徴はたくさんありますが、一番大切なのは、「電気を導く」と「金属光沢がある（銀白色でピカピカしている[*6]）」でしょう。この他、「よく延びる（延性）」「よく広がる（展性）」「熱をよく伝える」という特徴もあります。お鍋は金属でできているものがほとんどですが、ガスコンロにかけても燃えません。有機物とは明らかに違います。硬貨（お金）も各種の金属でできています[*7]。

*6　純粋な金属で色を持つ物としては、金と銅が有名です。

*7　第 15 章の発展学習 15.6（p.66）で詳しく取り上げています。

2.5　物の特徴を生かした利用

第 13 章で詳しく学びますが、「有機物」の特徴について考えてみましょう。まず、燃えること。木などを燃やすことにより暖をとったり、明るさを得たりすることができます。普段の生活で利用した有機物のゴミは、燃やすことによりその体積を非常に小さくすることができます（完全に燃えた残りかす（灰）は有機物ではありません）ので、最終的なゴミ捨て場の広さを小さくできるメリットがあります。次に、軽いこと。軽い材料で自動車を作ると燃費が良くなるという話は、ニュースでも耳にします。軽さは、航空機やロケットでは、さらに重要になります[*8]。

*8　ロボットなどでも重要です。

「無機物（金属以外）」の特徴について考えましょう。熱に強いことでしたね。赤いレンガでできた暖炉を思い出してください。中で薪（木）が燃えていても、暖炉（レンガ）が燃えることはありません。金属はさびることがしばしば問題になりますが、これらはさびることがありません。

まきは燃えても暖炉（レンガ）は燃えない

身の回りの物を分類することは、化学の初心者には容易ではありません。よく分からなくてもあまり気にせず、本章末 発展学習の問題を解いて、物を見分けるセンスを少しずつ高めてください。

「無機物（金属）」の特徴について考えましょう。まず、電気を導くこと。身の回りには電気製品がたくさんありますが、これらのすべてにおいて、電気を流すために金属が使われています。街中に続いている電線も、そ

電線にも金属が使われる

の中に金属が使われています。自然界には存在しない物なのに、たくさん使われていることにびっくりします。次に、金属光沢があること。前述しましたが、金や白金は金属光沢により美しく、人々に愛されています。金属をうまく利用すると鏡が作れることも知られています。

2.6　純物質と混合物・単体と化合物

物を三種類に分類して見ることができるようになりました。別の観点からの見方も学んでおきましょう。

この世界に存在する物は、まず、**純物質**と**混合物**に分けられます。砂糖水は、砂糖が水に混ざったものですから混合物です。塩水は、塩が水に混ざったものですから混合物です。水は純物質であることが分かっています。

純物質をさらに分類すると、**単体**（一種類の元素からできている物質）と**化合物**（二種類以上の元素が結びついて（化合して）できている物質）に分けられます[*9]。

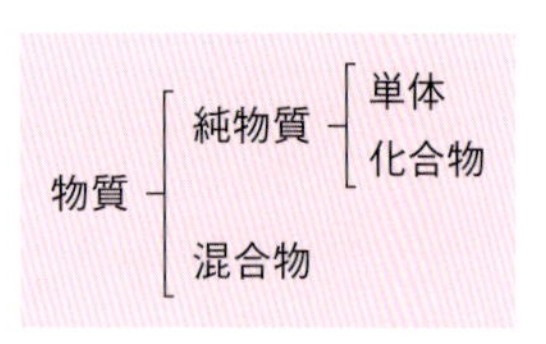

*9　例えば、「水」は水素原子2個と酸素原子1個からできています。つまり、水は（単体ではなく）化合物です。

発展学習

2.1　次の物を、有機物・無機物（金属以外）・無機物（金属）に分類しなさい。

(1)　ガラス（ヒント：燃えない、金属光沢がない）
(2)　日本刀（ヒント：美しい金属光沢がある）
(3)　チーズ（ヒント：生物由来）
(4)　岩（ヒント：燃えない、金属光沢がない）
(5)　ガソリン（ヒント：燃える）
(6)　ジュースの缶（ヒント：塗装されていない部分は銀白色）
(7)　レンガ（ヒント：燃えない、金属光沢がない）
(8)　500円硬貨（ヒント：銀白色）
(9)　ろう（ヒント：ろうそくは燃える）
(10)　セメント（ヒント：燃えない、金属光沢がない）
(11)　建築に使う鉄筋（ヒント：鉄という言葉が入っている）
(12)　砂（ヒント：燃えない、金属光沢がない）
(13)　ゴム（ヒント：昔はゴムの木から原料を得た）

2.2　スポーツの大会で、1位、2位、3位になると、メダルがもらえることが多くあります。金メダル、銀メダル、銅メダルの金・銀・銅は、どれも金属の名前です。→ポイント解説あり（p. 105）

2.3　キッチンで鍋に使われている金属は、鉄・アルミニウム・銅です。銅製のものは値段が高いものがほとんどです（私の家にはありません）。→ポイント解説あり（p. 105）

2.4　金属の性質には、延性（延びる性質）、展性（薄く広がる性質）があります。延性の結果、金属の細い線は曲げやすくなっています。電気コードの中には金属が入っていますが、かなり自由に曲げることができます。展性を利用して薄くした金属の材料としては金箔がよく知られています。

第3章 原子の構造

前章までで、身の回りの物を三種類に分類できるようになりました。さらに物のなりたちを学んで理解を深めたいところですが、そのためには、原子について、もう少し深く知る必要があります。

3.1 原子の基本的なりたち

原子は、物質を構成する基本的粒子と位置づけられており、物質の理解は、通常、原子の数、種類、つながり、並びなどをもとになされます。

原子は、基本的粒子ではありますが、さらに細かく見るならば、図のように、**原子核**（げんしかく）とその周りを回る**電子**（でんし）からできています。原子核は正の**電荷**（でんか）を持ち、電子は負の電荷を持っています。（電荷というのは、私たちが使っている電気のもととなっているものととらえてください。それが小さな粒子にくっついているときは電荷といいます。）正負の電荷は引き合うので、原子核と電子は引き合っています。

さらに、原子核は、**陽子**（ようし）と**中性子**（ちゅうせいし）からできています。これらのうち、陽子の方が正の電荷を持っています。中性子は電荷を持ちません。基本の状態では、陽子の数と電子の数は同じで、原子全体として電気的には中性の状態にあります（陽子が持つ電荷と、電子が持つ電荷は、大きさが同じで符号が逆になります）。

陽子の数をもって元素の種類を決定します。原子核を構成する陽子が1個なら水素、2個ならヘリウムです。実は、中性子の数は、同じ元素でも数が違うものがあったりします（**発展学習 3.5**）。

以上からすると、原子番号と電子の数が同じになることも分かります。原子番号6の炭素なら、陽子が6個で電子も6個となります。

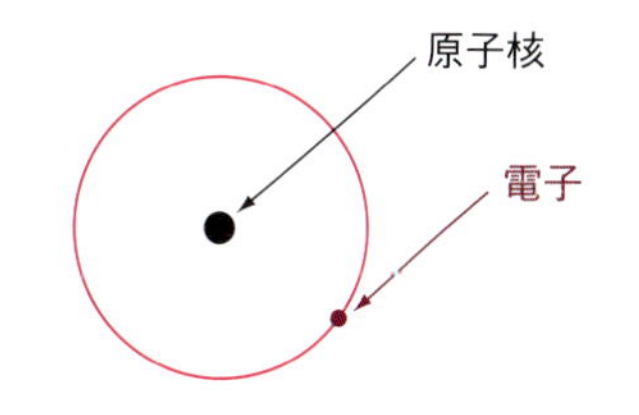

原子のイメージを非常に単純化した図（電子が1個の場合で示しています。）

正：プラス　負：マイナス

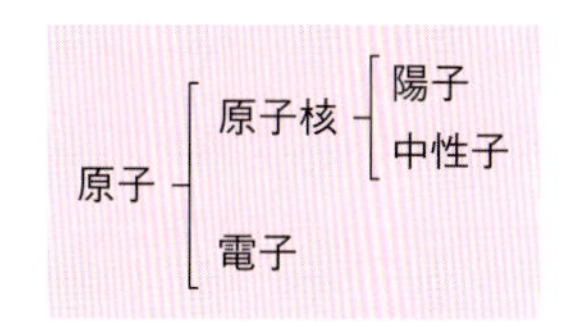

3.2 原子のイメージを持とう

原子のイメージとしては、やわらかいボールのイメージを持つのがよいでしょう。じつは、原子を正確に表現することはむずかしいのです[*1]。

原子核はとても小さく、その大きさ（直径）は 1×10^{-14} m から 1×10^{-15} m 程度です。原子の直径の十万分の一程度ともいわれます。しかし、その重さはとても重く、原子の重さのほとんどは原子核の重さになります。

電子は、原子核の周囲にあり（よく、周囲を回っていると表現されます）、負の電荷を持っています[*2]。（電子の大きさははっきりと決められていません。）また、その重さは、原子核よりもずっと小さくなり、原子

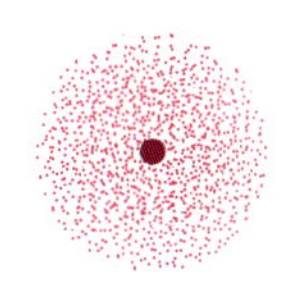

＊1　原子のイメージを表した図。電子を表現する点は電子の数ではなく、だいたいどの辺を動き回っているかを表現しようとしています。一番上の図のような単純な円でないことが分かります。

＊2　電子の電荷の大きさは、1.602×10^{-19} C と知られています。「C」はクーロンと読みます。

核を構成する陽子の約1840分の1となります。重要なのは、電子が動き回る範囲です。原子においては、その外側部分で電子が動き回っているので、原子の大きさというのは、電子の動き回る範囲で決まってくるのです。

3.3　電子の居場所は一つではない －K殻、L殻、M殻…－

前の節で、原子核の周りに電子がいることを学びました。原子番号が大きい元素なら、原子核の周りにはたくさんの電子が存在することになります。これらたくさんの電子は、すべてが同じところにいて、同じように動いているのではありません。いくつかの原子を例に見てみましょう。

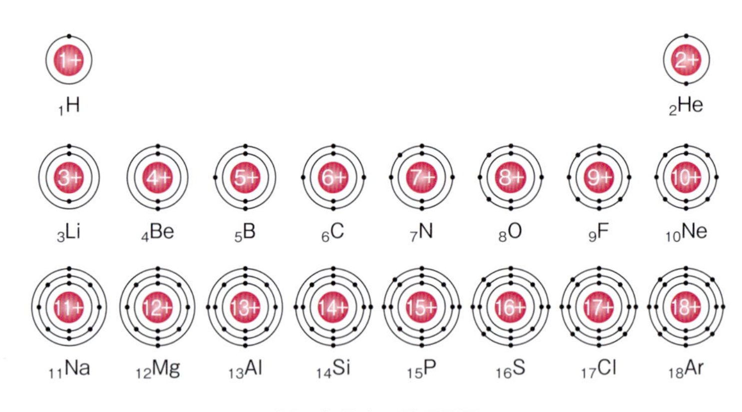

図　各元素の電子配置

原子核の周りの電子には決められた居場所があります（これは、殻と呼ばれ、内側からK殻、L殻、M殻…という名がついています）。電子は、ここへ内側から入っていきます。何個の電子がどの殻に入っているかのことを**電子配置**といいます。

K殻は2個、L殻は8個というように定員が決まっています。例えば、リチウムならば、原子番号は3なので、3個の電子を持っています。このうち、2個の電子がK殻に入ります。これでK殻は満員になりましたので、残りの1個はL殻に入ります[*3]。図でも確認してください[*4]。

*3　炭素なら、電子が6個なので、K殻に2個、L殻に4個入ります。

*4　一番外側の殻を最外殻と呼びます。図の元素では、同じ族に属する元素は同じ数の最外殻電子を持つことが見てとれます。1族のH、Li、Naでは、いずれも1個です。

3.4　満員状態が安定

じつは、元素の中には、1個1個の状態で比べて、他の元素より非常に安定な元素があります。ヘリウム、ネオン、…などの元素で、周期表の一番右に位置しています[*5]。これらの元素は、1個の（単独の）状態が大変安定なので、ごく一部の例外を除いて、他の元素と化合物を作りませ

*5　周期表の一番右は18族です。ヘリウム、ネオンなどの18族の元素は、みな気体であり、**希ガス元素**と呼ばれます。

ん。これらの元素における電子配置では、内側の殻はもちろんのこと、一番外側の殻も定員が満員の状態になっています。この満員の状態が、とても安定な状態なのです。

3.5 イオンの形成

リチウム (Li) の電子配置をヘリウム (He) と比較すると、リチウムは安定な状態から電子が1個だけ多いことが分かります。リチウムは、電子を1個失うとヘリウムと同じ電子配置になります。このため、リチウムは +1価(プラスいっか)の状態 (**陽(よう)イオン**) になりやすい性質を持ちます。この状態を Li^{+} と表現します*6。

フッ素 (F) の電子配置をネオン (Ne) と比較すると、フッ素は安定な状態から電子が1個だけ少ないことが分かります。フッ素は電子を1個もらうとネオンと同じ安定な電子配置になります。このため、フッ素は、−1価(マイナスいっか)の状態 (**陰(いん)イオン**) となりやすい性質を持ちます。この状態を F^{-} と表現します*7。

安定な状態から電子が1個多い元素は、1族 (縦の列ですよ) に並んでいます*8。よって、H^{+}、Li^{+}、Na^{+}、K^{+} となりやすいわけです。「周期表では、性格の似た元素が縦に並んでいる」とされる理由も、これで分かりましたね。

安定な状態から電子が1個少ない元素は、17族に並んでいます*9。よって、F^{-}、Cl^{-}、Br^{-} となりやすいわけです。

2族ではどうなるんだろう? と思った人はするどいですよ…。電子が2個多いのですから、電子を2個失って +2価の状態になりやすいわけですね*10。

元素がイオンとなる現象は、とても重要です。鉄という金属が水に溶けるときには、必ず陽イオンの形になってばらばらになって溶けます。ナトリウムやカリウムなどの陽イオンは、生物の中で大変重要な役割を果たしています。血液の中では電解質成分(でんかいしつせいぶん)と呼ばれ、重要な成分として知られています。

*6 電子を失うと、正の電荷を持つ陽子の数が負の電荷を持つ電子の数より多くなるので、原子全体として正の電荷を持つようになります。この状態を陽イオンと呼ぶのです。

*7 1族の元素は1価の陽イオン、2族の元素は2価の陽イオン、17族の元素は1価の陰イオンになります。これら以外の場合は、やや複雑です。

*8 Hを除いた1族の元素は、**アルカリ金属元素**とも呼ばれます。また、BeとMgを除いた2族の元素は、**アルカリ土類金属元素**とも呼ばれます。

*9 17族の元素は、**ハロゲン元素**とも呼ばれます。

*10 Be^{2+}、Mg^{2+}、Ca^{2+} などとなります。

3.6 陽イオンになる「なりやすさ」

各元素の原子はイオンの状態をとることがあると説明しましたが、元素によって、イオンになる「なりやすさ」が異なることが知られています。これを**イオン化傾向(いおんかけいこう)**といいます。イオンとなりやすい元素 (陽イオンとなりやすい金属元素) から並べると、次ページのようになります*11。この順序は、第18章で学ぶように、電池の話との関係で大変重要なものです。

*11 陰イオンになりやすい元素の順は話題になりません。化学の初心者が学ぶ重要な問題と関係しないためです。

Li ＞ K ＞ Ca ＞ Na ＞ Mg ＞ Al ＞ Zn ＞ Fe ＞ Ni ＞ Sn ＞ Pb ＞ (H_2) ＞ Cu ＞ Hg ＞ Ag ＞ Pt ＞ Au

H_2（水素）は、もちろん金属元素ではありませんが、比較のために入れておくのが慣例となっています*12。イオンとなりやすい左の5種類の元素を見てください。1族と2族の元素になっていますね。1族の元素は1個、2族の元素は2個、電子を失うだけでイオンとなるので、比較的簡単にイオンになれるということです*13。1番めのリチウムは、リチウムイオン電池に使われる元素ですね。印象に残りやすいと思います。

*12　H_2の右に来るのがCuであることを覚えましょう。さらに右側には金、銀、銅に加えて、水銀と白金があることになります。

*13　最もイオンになりにくいのは、自然界で砂金として見つかる金です。

発展学習

3.1　原子番号の数字は、その元素が持つ陽子の数に等しい数字です。そして、原子が電気的に中性の状態にあるならば、電子の数も等しくなっています。

3.2　原子（中性）とイオン（正または負の電荷を持つ）の二種類の状態があることをしっかり認識することが、この章で最も重要な点です。→ポイント解説あり（p. 105）

3.3　正しいものを一つ選び○をつけなさい。（3.2節に解答があります。）

(1)　原子の大きさは、陽子の大きさにほぼ等しい

(2)　原子の大きさは、中性子の大きさにほぼ等しい

(3)　原子の大きさは、電子が動き回る範囲で決まる

3.4　原子の質量（重さ）は、陽子＋中性子の個数でおおよそ決まります。それゆえ、この数を**質量数**（しつりょうすう）といいます（整数です）。質量数と聞いたとき、質量と間違えないようにしましょう。→ポイント解説あり（p. 105）

3.5　水素の場合、陽子1個により原子核が構成される通常の水素に加え、陽子1個と中性子1個からなる**重水素**（じゅうすいそ）、陽子1個と中性子2個からなる**三重水素**（さんじゅうすいそ）の三種類の存在が知られています。重水素の質量（重さ）が軽水素の質量のおよそ2倍で、三重水素の質量がおよそ3倍となることは、陽子、中性子、電子の質量を知っていればすぐ分かります。同じ元素でありながら、中性子の数が異なる場合、これらはお互いに**同位体**（どういたい）といいます。水素の同位体、炭素の同位体が有名です。このような話は化学の学びが進むと大切になってきますが、学び始めの化学にはあまり出てきませんので、気にせずどんどん先を学びましょう。年代測定や原子力発電の話などで出てきます。

3.6　「質量」という言葉について、インターネットで調べて理解を深めましょう。はっきり理解できなくても気にしないようにしましょう。

3.7　原子は、電子を失ったり、得たりすることがしばしばありますが、原子核が陽子や中性子を失ったり得たりすることは通常ありません。

第4章　物質のなりたち

身の回りの物をさらに深く理解するための準備ができました。第2章では、有機物・無機物（金属以外）・無機物（金属）を、構成元素の種類と形ある物の見た目や特徴で見分けましたが、ここでは、構成原子の状態やつながり方から、違いを理解していきましょう。いよいよ化学の視点で本質的な違いを理解していくことになります。ワクワクしますね！

第5章で学ぶように、すべての物質は、原則として**固体**・**液体**・**気体**の三つの状態をとります。4.1節と4.2節では、有機物・無機物（金属以外）・無機物（金属）をしっかりと比較するために、すべて固体の状態（一定の形を保っている状態）を想定して比較することから始めます。必要に応じて、5.1節だけ先に読んでください。

4.1　無機物のなりたち

右の図は、無機物（金属以外）の代表としての塩化ナトリウムの結晶です。物の中で、原子は通常、規則正しく並んでいます。これを**結晶**と呼びます。塩化ナトリウムは食塩の主成分です。名前から分かると思いますが、ナトリウムと塩素からできている物質です。この結晶の中では、ナトリウムはナトリウム陽イオン、塩素は陰イオンであるところの塩化物イオンの状態にあります[*1]。陽イオンと陰イオンが静電気力（プラスとマイナスが引き合う力）により結びついています。このような結合は**イオン結合**、結晶は**イオン結晶**と呼ばれます[*2]。ナトリウムは1族の元素で1価の陽イオンとなりますが、2族や他の族でも金属元素に分類される元素は、2価や3価のイオンとなって、イオン結晶内に位置取りします。

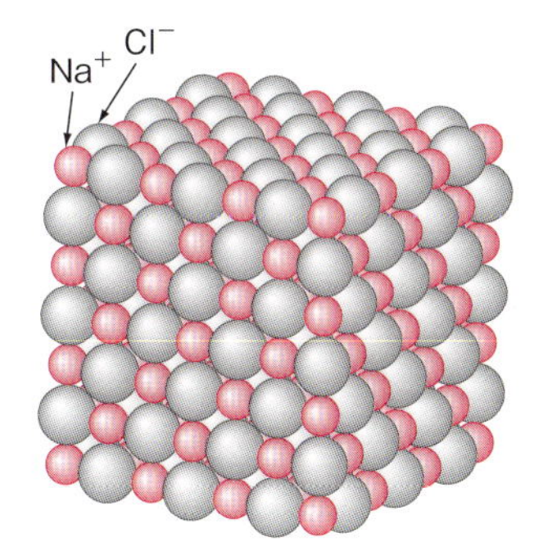

塩化ナトリウムの結晶のイメージ

＊1　Cl^-は「塩素イオン」ではなく「塩化物イオン」と呼ばれます。

＊2　食塩の結晶をルーペで拡大して見ると、サイコロのような立方体が見える場合があります。まさに、「結晶だ！」と感じられます。通常の見た目は、白色の粒子ですが、ルーペでよく見ると、無色透明の結晶であることも見えたりします。

無機物（金属以外）には、上記の解説では含まれなくなってしまう明らかな「例外」があります。「分子を形成するもの」や「ケイ素などの半導体」です。ここでは、物質世界全体のイメージをシンプルに作り上げることを優先していますので、今は考えないことにしましょう。

次に、無機物（金属）です。金属以外と金属との違いを充分に理解しましょう。右の図は無機物（金属）の代表として鉄の様子を示したものです。たくさんの原子が規則正しく並んでいます[*3]。金属の結晶は**金属結晶**と呼ばれます。各原子は0価の状態にあります。各原子の最外殻の電子の一部は原子間を自由に動ける状態にあり、自由電子と呼ばれます。この自由電子の働きにより原子同士が結び付けられています。このような結合は**金属結合**と呼ばれます。2.4節で、金属の特徴の一つは電気を

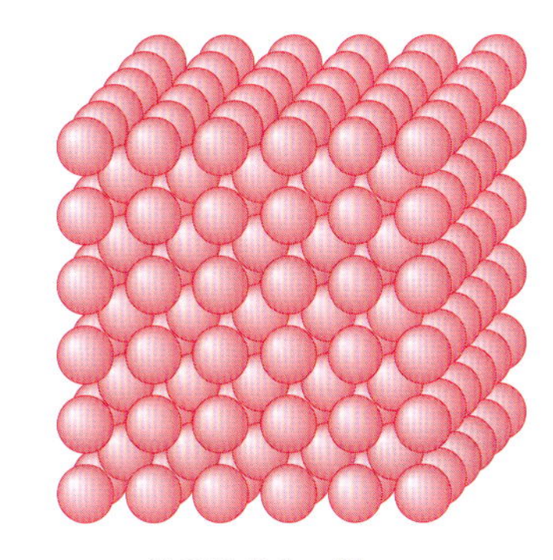
鉄の結晶の一例

＊3　たとえば、ぐにゃぐにゃに曲がった針金があったとしましょう。こんな金属の中でも、ごく一部を除けば、原子は規則正しく並んでいるということです。驚きですね。

導くことだと学びました。これは、上記の自由電子が動くことによって実現されるものです。

4.2 有機物のなりたち

有機物は、無機物とはかなり異なる状態にあります。通常、有機物では、いくつかの原子が集まって明確な集合体を形成しています[*4]。例えば、砂糖の主成分であるスクロースならば、炭素12個、水素22個、酸素11個でできています。有機物の場合、(後で学ぶ「反応」というものをしない限りは) いつもこのグループで動き回ります。このグループのことを**分子**(ぶんし)といいます。(結晶を形成している通常の無機物の場合、結晶の図を見て分かるように、何個という切れ目がありませんでした。グループは認められませんでした。)

*4　有機物は、主に、炭素と水素からできています。

有機物においては、結合を形成する二つの原子が一つずつ電子を出し合って、この二つを共有することにより結合が形成されます。**共有結合**(きょうゆう)と呼ばれます。

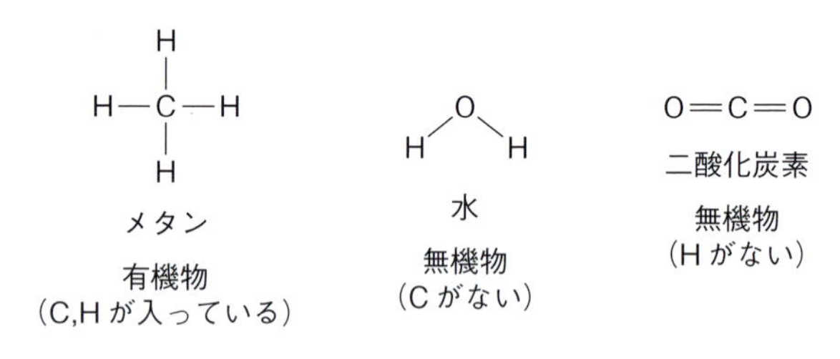

図　共有結合でできた分子の表し方の例

結晶となる場合には、**分子結晶**と呼ばれます。分子結晶の絵を描こうとすると大変複雑になります。ここでは、有機物には分類されませんが、分子であり、分子結晶を形成する二酸化炭素の例 (左図) で、その雰囲気を感じ取ってください[*5]。

*5　二酸化炭素の結晶は面心立方格子と呼ばれる構造をしています。

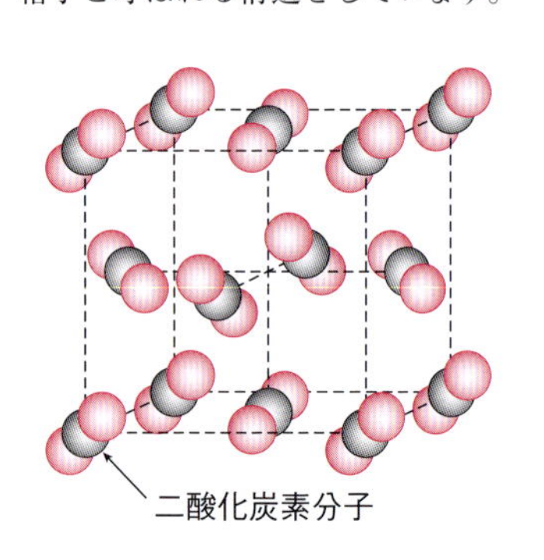

二酸化炭素の分子結晶

4.3 分子か分子でないか

ここからは、固体に限らない話になります。物質の世界全体を見渡すと、その理解のうえでは、分子か分子でないかを見抜くことがとても大切です[*6]。なぜ大切かについては、第2編の学びでだんだんと分かります。分子となる物質を区別できるようになるために、次に示す代表的分子を知っておきましょう。

(1) 有機化合物は原則として、すべて分子です。

(2) 無機化合物でありながら、分子であり、覚える必要性のあるものは次の通り (多くない！)[*7]。4.1節で述べた例外です。

*6　分子か分子でないかを見分ける練習をワンポイント・レッスン3 (p.113) でやりましょう。

*7　①と②は周期表上で確認しましょう。

① 18族元素（希ガス元素ともいう）の分子
ヘリウム（He）、ネオン（Ne）、アルゴン（Ar）、…
原則として他の元素とまったく結合しないため、単原子分子（1個の原子で分子）として挙動する。

② 17族元素（ハロゲン元素ともいう）の分子
フッ素（F_2）、塩素（Cl_2）、臭素（Br_2）は二原子分子、ヨウ素以下はかなり複雑。

③ その他（暗記しようとしないで、自然に覚えて！）[*8]
窒素（N_2）、酸素（O_2）、オゾン（O_3）、水素（H_2）、水（H_2O）
二酸化炭素（CO_2）、一酸化炭素（CO）
二酸化窒素（NO_2）、一酸化窒素（NO）
二酸化硫黄（SO_2）、硫化水素（H_2S）

*8 ○○ガスという名で聞いたことがあるものは、みな分子と思ってください。分子でなければ、簡単にはガスになりませんから。

4.4 物質を元素記号で表すことに慣れよう

無機物（金属以外）から見ていきます。一番よく知っている食塩から始めましょう。食塩の主成分は、塩化ナトリウムです。塩化ナトリウムは、NaCl と書かれます[*9]。もう一つ例を示します。鉄がさびてできた赤さびはどうなるでしょう。物質の名前は酸化鉄（Ⅲ）で、Fe_2O_3 と書きます[*10]。これは鉄2個と酸素3個を基本として結晶ができているということです。NaCl は陽イオンと陰イオンが1対1の割合で含まれていましたが、ここでは、（3価の）陽イオン2個に対し（2価の）陰イオン3個が含まれています。

無機物（金属）はどうなるでしょうか。鉄は Fe、銅は Cu で元素記号をそのまま書きます。2種以上の元素を混ぜ合わせた合金と呼ばれるものの場合の例も示しましょう。各家庭のキッチンでよく見られるステンレスは、Fe-Cr-Ni-C と書くようですが、Fe-Cr-Ni-C を見てステンレスと理解できる人は少ないと思います。

有機化合物は、メタンなら CH_4 で、炭素1個と水素4個でできています。お酒に入っているエタノールなら、炭素2個、水素6個、酸素1個で C_2H_6O と表せますが、C_2H_5OH という表記がよく使われます。これは OH という部分が、アルコール（エタノールはアルコールの一種）を特徴づける部分であるためです。有機化合物をより明確に表現する方法としてケクレ構造式（前ページ4.2節の図）もあります[*11]。

*9 物質を元素記号で表すことに慣れる練習は、分子か分子でないかを見分ける練習と同時にワンポイント・レッスン3（p. 113）でやることができます。

*10 酸化鉄は赤色顔料として使われており、化粧品にも使われることがあるようです。「え～、さびなのに？」と驚きます。

*11 詳しくは第12章で学びます。

4.5 分子量と式量

物質のなりたちの全体像が見えてきたところで、物質の質量の表現の基礎を学びましょう[*12]。

*12 分子量と式量については、ワンポイント・レッスン2（p. 112）で慣れましょう。

その前に、原子量を復習しましょう。周期表に書かれている単位のない数字で、これに「g」をつけると、その元素1 mol（6.02×10^{23} 個分）の質量になるものです。鉄（Fe）だと、55.85なので、1 molで55.85 gになります。

分子の場合、**分子量**（ぶんしりょう）という表現を使います。その分子を構成する元素の原子量から計算されるものです。例えば、二酸化炭素（CO_2）ならば、Cの原子量は12.01、Oの原子量は16.00と周期表に出ています。$12.01 \times 1 + 16.00 \times 2 = 44.01$ となります。これが、二酸化炭素の分子量です。当然のことですが、原子量同様単位はなく、ただの数字です。1 mol（6.02×10^{23} 個）の二酸化炭素（分子）の質量は44.01 gとなります。

分子を形成しない物質については、**式量**（しきりょう）という表現を使用します。塩化ナトリウム（NaCl）では、Naの原子量が22.99、Clの原子量が35.45ですから、式量は、$22.99 + 35.45 = 58.44$ です[*13]。塩化ナトリウム1 molは58.44 gとなります。

＊13　水酸化ナトリウム（NaOH）なら、40.00となります。計算してみてください。

発展学習

4.1　次のイオンの呼び名に慣れましょう。→ポイント解説あり（p. 105）

F^-（フッ化物イオン）　Cl^-（塩化物イオン）　Br^-（臭化物イオン）　I^-（ヨウ化物イオン）

4.2　水（H_2O）の分子の分子量を求めてみましょう。Hが2個、Oが1個ですね。Hの原子量は1.008、Oの原子量は16.00ですので、$1.008 \times 2 + 16.00 = 18.016$ となります。計算前のケタ数を考慮して、小数点以下3ケタめの数字を四捨五入して、18.02とします。

4.3　酸化鉄（Fe_2O_3）の式量を求めてみましょう。まず、Feを周期表の中で探し出すと（上から4段目、第4周期（しゅうき）と呼ばれるところにいます）、その原子量は55.85です。Oの原子量は16.00です。よって、$(55.85 \times 2) + (16.00 \times 3) = 159.70$ になります。

4.4　有機化合物は、みな分子です。無機化合物のごく限られた一部にも分子が見られます。

4.5　固体でありながら結晶でない物は非常にまれです。ガラスなどがこれに相当します。

4.6　結晶における構成要素の並び方には何通りかありますが、化学の初心者は覚える必要はないでしょう。本文を読んでいるときに、「並び方はどうなんだろう？」と疑問に思った人はすばらしいですよ。化学の考え方ができているということです！

4.7　4.1節で電気を導くという表現が出てきました。電気が流れると表現してもよいでしょう。これは、「電荷を持つ粒子が動くこと」と置き換えられます。電荷を持つ粒子としてこれまで学んだのは、陽子・電子・イオンです。電流の話では、普通、金属の中なら電子（自由電子）、水などの中（自由電子は存在しない）ならイオン（陽イオン・陰イオン）の動きが問題になります。→ポイント解説あり（p. 105）

4.8　上で出てきた「イオン結晶」「金属結晶」「分子結晶」の他に、「**共有結合結晶**（きょうゆうけつごうけっしょう）」というものが知られています。どのような結晶か調べてみましょう。

第 2 編　分子が躍動する

第 4 章で、物質を有機物・無機物（金属以外）・無機物（金属）に分類しました。第 5 章で学ぶように、すべての物質は、原則として固体・液体・気体の三つの状態をとるのですが、私たちが暮らす身の回りの条件（温度など）で、さまざまにこれらの状態の間を変化するのは、分子（固体の状態のときに、基本となる粒子間に働く力が弱い物質）によりできあがっている物質です。

第 5 章　物質の三態

「水」が、氷・水・水蒸気の三つの状態をとることはよく知られています。それぞれの状態は、固体・液体・気体と呼ばれ、これらを物質の三態（さんたい）といいます。すべての物質は、原則として、固体・液体・気体のすべての状態をとることができます。

5.1　固体・液体・気体のイメージ

固体・液体・気体のイメージを、ヘリウムを例に説明します。18 族の元素であるヘリウムは、すでに学んだように、非常に安定であり、他の元素とほとんど化合物を作ることがありません。そのため、1 個 1 個（単原子）で分子として挙動するので、単原子分子と呼ばれます。

固体の状態において、ヘリウムは分子結晶を形成しています。一つのヘリウム原子に注目すると、定位置を中心に振動することはありますが、となりの原子と入れ換わるなど、結晶の中を動き回ることは原則としてありません。

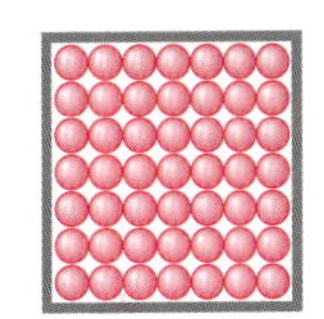
固体状態のヘリウム

次に、**液体**の状態を見てみましょう。ヘリウムの原子はより自由な状態にあります。一つのヘリウム分子に注目すると、それは一定の場所に留まることなく動き回っています。となりのヘリウム原子との距離はそれほど大きくなく、固体の状態と比べてあまり変わりません。

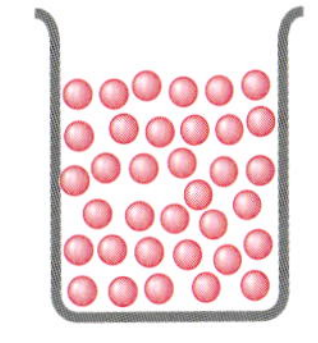
液体状態のヘリウム

最後に、**気体**の状態です。ヘリウムの原子は空間を飛び回っています。ときどき、他の原子や容器の壁などに衝突します。となりの原子との距離は非常に離れていると見ることができます。

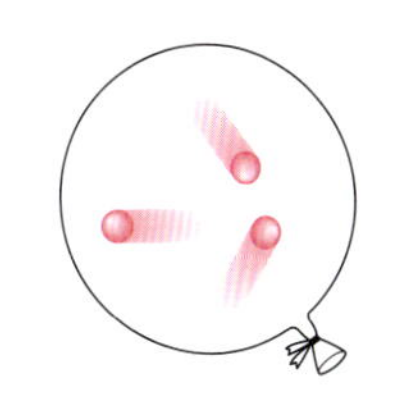
気体状態のヘリウム

以上のような固体・液体・気体の状態のため、同じ数のヘリウムで比較すると、固体と液体の間ではその体積変化が大きくないのに対し、気体になると、体積が非常に大きくなることが分かります。

5.2 三態間の変化

氷が水になるように、熱を加えて温度を高くすると固体が液体に変わることはよく知られています。この変化は**融解**と呼ばれ、これが起こる温度は**融点**と呼ばれます。また、逆に、液体から固体への変化は**凝固**と呼ばれ、これが起こる温度は凝固点と呼ばれます。多くの場合、融点と凝固点は同じ温度になります。通常、融点という言葉の方が使用されます。

水が水蒸気になるように、熱を加えて温度を高くすると液体が気体に変わることはよく知られています。この変化は**蒸発**と呼ばれます。お皿の上に水を少し入れて部屋の中に置いておくと、だんだんと水が減っていきます。これも水の蒸発です。蒸発はそれが速いか遅いかの差はありますが、必ず何度で起こるという温度はありませんので、蒸発点という言葉はありません。そのかわり、**沸点**という言葉があります。お湯をわかすとボコボコと泡が次々と出てくるあの温度です。水の沸点は100℃といわれます。また、逆に、気体から液体への変化は**凝縮**と呼ばれます。

水の沸点は100℃

水のように、通常、物質は固体から液体、液体から気体へと変化し、また、逆に、気体から液体、液体から固体へと変化します。しかし、物質の中には、固体から液体を通らずに気体になる特殊なものがあり、この現象は**昇華**と呼ばれます。この逆の過程、気体から液体を通らずに固体になる現象もあり、この現象も**昇華**と呼ばれます。このような性質を示す物質で身近なものとしては、二酸化炭素（ドライアイス）があります。水（液体の状態）を生じませんので、まさに、ドライ（乾いた）といえます。三態間の変化について左の図にまとめました。

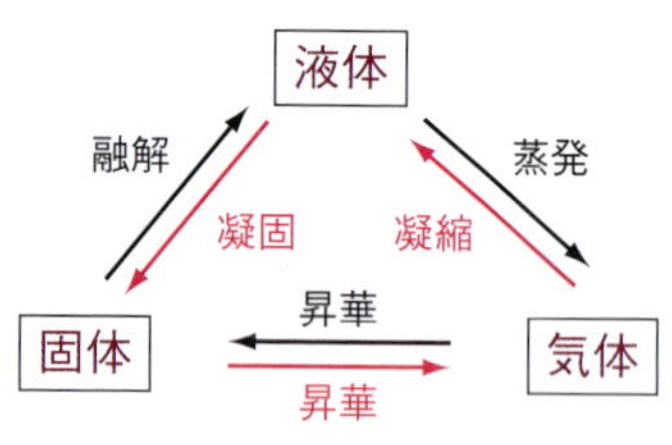

物質の三態間の変化

5.3 さまざまな物質の融点と沸点

さまざまな物質の融点を見てみましょう。無機物（金属）の代表としての鉄の場合、その融点は1535℃です。無機物（金属以外）の代表としての塩化ナトリウムの場合、その融点は800℃です。有機物の代表としてのメタンの場合、その融点は－183℃です。有機物の融点は低いというよりも、分子である物質の融点は低いと理解してください（金属で融点の低い例外もあります*1）。ちなみに、分子の代表として水をあげるならば、その融点は0℃です。

*1　水銀という金属があります。なんと、常温で液体です。液体なのに、電気が流れます！

続いて、さまざまな物質の沸点を見てみましょう。沸点についても、有機物・無機物（金属以外）・無機物（金属）で比較すると、融点と同様の傾向が見られます。分子である物質の沸点は低いという傾向です。鉄の沸点は2862℃、塩化ナトリウムの沸点は1413℃、メタンの沸点は－161℃、水の沸点は100℃です。

三態間の変化について学びましたが、有機物・無機物（金属以外）・無機物（金属）のうち、私たちの身の回りでこの変化をしばしば見せるのはどれでしょう。答えは有機物です。より正確にいうと、分子でできている物質です。これは、固体や液体の状態において、「基本となっている粒子」の間に働く力が弱いためです。つまり、分子結晶では、分子間に働く力が、金属結晶の金属原子間、イオン結晶のイオン間に働く力よりもずっと弱いからです。

5.4 気液平衡

ここで、一つ、化学における重要な考え方を学びましょう。「**平衡**（へいこう）」と呼ばれる考え方です。

フタの開いた容器に水が入っているとしましょう。水はだんだんと蒸発して最後にはなくなってしまいます。これは、水の中にたくさんいる水分子が、一つまた一つと、水を飛び出して飛んで行ってしまうからです。

次に、閉じた容器の中に水が半分入っている場合を考えましょう。フタが閉じているならば、水が減ることはないと考えられます。さて、このとき、蒸発や凝縮はまったく起こっていないのでしょうか？　答えは「両方とも起こっている」です。実は、蒸発する分子の数と凝縮する分子の数がつりあっているのです。

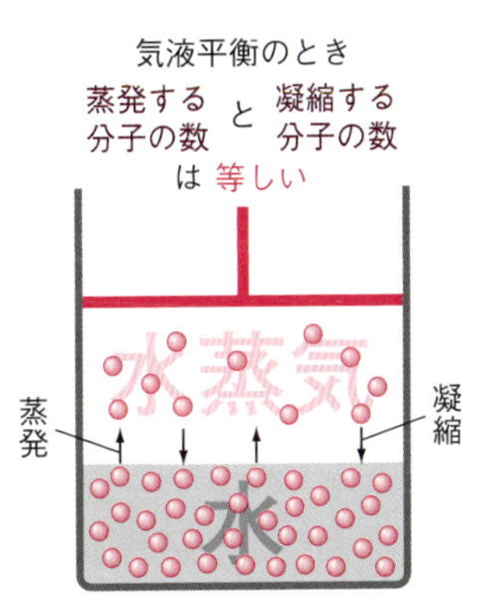

気液平衡のときの分子の状態

このように、見かけ上変化がなくて何も起こっていないように見えるけれども、原子・分子のレベルで見ると二つの反対方向の現象が起こっていて、これらがつりあっているとき、この状態を平衡状態といいます。上の例は、**気液平衡**（きえきへいこう）といいます。式では、右向きの矢印と左向きの矢印のペア（$\rightleftarrows$）で示されます。平衡は、化学のさまざまな場面で出てくる重要な概念です*2。

$$H_2O\ (\text{気体}) \rightleftarrows H_2O\ (\text{液体})$$

*2　平衡の考え方は、10.7 節および 11.5 節でも出てきます。

5.5 蒸発による分離、凝固による分離

水が海などにあるとき、その水はさまざまな物質を溶かし込んでいます。海水には塩が溶け込んでいて、なめるとしょっぱいことはよく知られています。この海水から水が蒸発して、上空で冷やされて水に戻ると、塩は蒸発しないので、水は塩と**分離**（ぶんり）され、塩を含まない純粋な水になります*3。地上に住む生物は、海水中では生きられません。真水が作られることが、このうえなく大切であることが分かります。環境を考えるうえでも、最重要点の一つといえるでしょう。

*3　逆に、海水から水を蒸発させて取り除けば、塩が取れることもよく知られています。

同様の分離に近いことは、凝固が起こる過程でも見られます。オレン

ジジュースを冷蔵庫で半分凍らせると、凍っていない部分のジュースの味が濃く、氷の部分の味が薄くなっていると感じます。

物質を分離する、物質を純粋にするという作業は、化学の研究においては、大変基本的で重要な作業です*4。液体の蒸発しやすさの差を利用して分離する作業は、「**蒸留**（じょうりゅう）」と呼ばれます。化学の実験室以外の場所でも、お酒の蒸留などに使われます。ウイスキーや焼酎（しょうちゅう）などが蒸留酒です。

*4　混合物の中から純物質を分離する作業を、化学の言葉で、「**単離**（たんり）」といいます。

発展学習

5.1　冬に部屋の窓ガラスの内側に水滴がつくことがあります。これは、部屋の中の空気に含まれる水が凝縮したものです。空気の中には、いつも水（水蒸気）が含まれていて、これは**湿度**（しつど）という言葉で表現されたりもします。空気中に水分が多いときは、湿度が高いということです。ちなみに、人が吐く息は湿度がほぼ100％といわれています。

5.2　クローゼットに入れた防虫剤（固体）が、いつの間にかなくなっていくのは、防虫剤の成分が昇華したからです。

5.3　物質は、よく知っている水の挙動のように、温度によって液体だったり気体だったりするイメージが強いと思いますが、圧力によっても液体になったり気体になったりします。カセットコンロのボンベを振ると、ちゃぷちゃぷ音がして液体が入っている感じがしませんか？　100円ライターの中に液体が入っているのを見たことはありませんか？　これらに使われているのは、ブタンと呼ばれる化合物で、常温常圧（じょうおんじょうあつ）（地球上の普通の環境）では気体なのですが、少し圧力をかけると液体になってしまいます。これら以外にも似たものが身の回りにあります。なんでしょう？ → ポイント解説あり（p. 106）

5.4　鉄はどのように気体になるでしょう？　よく目にしている鉄は、もちろん固体の鉄ですね。これを高い温度に熱すると融ける（液体になる）ことは多くの人が知っています。では、蒸気になることはあるのでしょうか？答えは「YES」です。ここでよく考えてください。鉄は、これまでの例のヘリウムのように、単原子分子を作る性格もなく、水のような分子でもありません。鉄は、条件により、1個、2個、3個、4個… さまざまな形で蒸気として飛び出します。必ず何個集まって飛んでいくという決まった数はないんです。

5.5　鉄ではないのですが、アルミニウムを蒸気として飛ばして、ガラス板の上で受け止めると、鏡ができあがることがよく知られています。「真空蒸着（しんくうじょうちゃく）」という言葉を調べてみましょう。→ ポイント解説あり（p. 106）

5.6　化学実験の手法に**再結晶**（さいけっしょう）があります。どのような手法か調べてみましょう。

5.7　17ページのヘリウムの固体状態・液体状態・気体状態の図を見ると、同じ体積で比較すると、固体・液体・気体の順で軽くなると予想されます。一般的にはそうなのですが、氷（固体）は水（液体）より軽く、水の上に浮きます。氷（水）は身近な物質ですが、じつはとっても特殊な物質といえます。

第6章　気体のふるまい

物質の三態、固体・液体・気体について、第5章で学びました。ここでは、これらのうち気体について詳しく学びます。地球は大気という気体につつまれていて、私たちはその中で暮らしています。環境の理解、気象の理解のためには、気体の理解が必要です。

6.1　気体の体積は温度と圧力で変化する

温度が高くなると、気体の体積は増えます。一定の体積の気体で考えるならば、温度が高くなると、軽くなることを意味しています。太陽の光で熱せられた地面がこれと触れている空気を温めると、その空気は軽くなって上昇気流を作り出していきます。鳥の中には、羽ばたいて上空を目指す鳥もいますが、上昇気流をつかまえて上昇していく鳥もいます。

海でスキューバダイビングをするときに、背中にしょってもぐる空気のタンク（ボンベと呼ぶこともあります）を思い出してください。あの中には圧縮された空気が入っています。空気（気体）は、圧力をかけると（ぎゅーっと押し縮めると）、体積が小さくなるんですね*1。そんな大きいわけではないあのタンクから、たくさんの空気が出てくるんですよ。化学の言葉で表現すると、「同じ量の気体でも、圧力が高ければ体積は小さくなり、圧力が低ければ体積が大きくなる」となります。ポテトチップスなどのお菓子の袋は、高い山に登るとパンパンに膨らみます。高い山では、低地に比べて圧力が低いので、袋の中の気体の体積が大きくなって、このような現象として見られるわけです*2。

*1　10 L の容量のタンクに 200 気圧（きあつ）の圧力で空気を充填すると、2000 L の空気が入っていることになります。通常の空気の 1 m × 1 m × 2 m に相当します。

*2　圧力について、ワンポイント・レッスン 4（p. 114）で学びましょう。

6.2　温度や圧力でどのように変化するのか？

温度については、**絶対温度**（ぜったいおんど）という尺度を使うと、「温度が2倍になったときに、気体の体積が2倍になる」ことが分かっています。

私たちがよく利用している**摂氏温度**（せっし）（℃：どしー）*3と絶対温度（K：ケルビン）の関係は以下になります。目盛りの大きさ（1目盛りの幅）は同じだけれど、数値がずれている関係です。

$$絶対温度\ (K) = 摂氏温度\ (℃) + 273.15$$

つまり、約27℃が300K です。600K は327℃です。

上の表現は、例えば、温度が300K（27℃）から600K（327℃）へと2倍になると、気体の体積は2倍になるということです。

次に、圧力についてです。「圧力が2分の1になったときに体積が2倍になる」ことが分かっています。

*3　華氏温度（かしおんど）（°F）を使う国もあります。摂氏をセ氏、華氏をカ氏と表すこともあります。

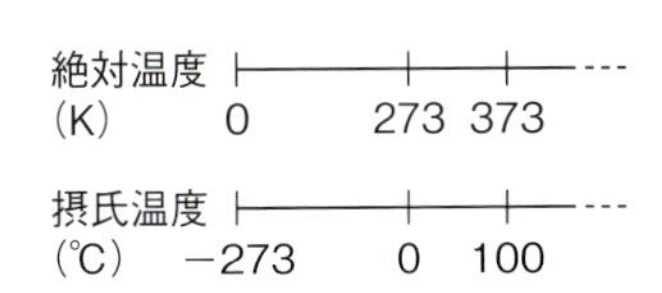

第2編　分子が躍動する

体積に対する温度の影響と圧力の影響をグラフで表すと次のようになります。左が温度の影響、右が圧力の影響です[*4]。

＊4　温度と体積は「比例」の関係、圧力と体積は「反比例」の関係になります。

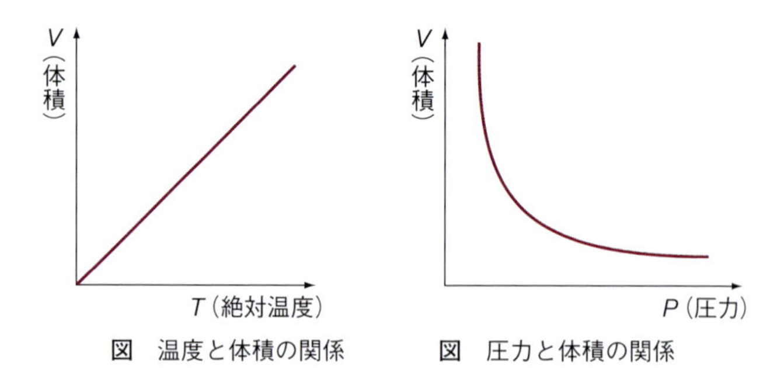

図　温度と体積の関係　　図　圧力と体積の関係

6.3　気体の状態方程式

前節までで、気体のふるまいについて、だいぶ理解を深めました。じつは、これらのふるまいを一つの式で表すことができます。**気体の状態方程式**と呼ばれる式です[*5]。

$$PV = nRT$$ [*6]

ここで、Pは圧力（Pa：パスカル）、Vは体積（L：リットル）、nは物質量（mol：モル）、Rは**気体定数**（8.31×10^3 Pa·L·mol^{-1}·K^{-1}）[*7]、Tは温度（K：ケルビン）です。この式を使うと、さまざまな温度や圧力で気体がどのような体積をとるか、自由自在に計算できます。

ここで、1 molの気体が標準状態（0℃、1.013×10^5 Pa）[*8]でどれぐらいの体積になるか計算してみましょう。上記の式の両辺をPで割って変形して、あとは数字を入れて計算するだけです。

$$V = nRT/P$$
$$= (1\ \mathrm{mol})(8.31 \times 10^3\ \mathrm{Pa{\cdot}L{\cdot}mol^{-1}{\cdot}K^{-1}})(273.15\mathrm{K})/(1.013 \times 10^5\ \mathrm{Pa})$$
$$\fallingdotseq 22.4\ \mathrm{L}$$ [*9]

＊5　正確には、理想気体の状態方程式と呼ばれます。
＊6　「ぴー・ぶい・いこーる・えぬ・あーる・てぃー」と覚えましょう。
＊7　単位と単位の間の「・」は、×（掛ける）を意味しています。Pa·L·mol^{-1}·K^{-1}は $\frac{\mathrm{Pa{\cdot}L}}{\mathrm{mol{\cdot}K}}$ と同じ意味です。
＊8　この分野では、標準状態は、0℃、1.013×10^5 Paとされます。1.013×10^5 Paは1気圧（1 atm）を意味しています。
＊9　「1 molの気体は、標準状態で22.4 L」化学をしっかり学ぶ人は、この数字を覚えます。

また、液体が気体になるとどれぐらい体積が増えるか、というようなことも計算できるようになります[*10]。例えば、水（4℃）が水蒸気（100℃）になるとどれぐらいの体積になるかといった、技術的に重要なことなどが計算できます。発電所では、蒸気タービンというものが使われており、水を、水蒸気にしたり水に戻したりして利用しながら、発電を行っています（17.3節で学びます）。

＊10　ワンポイント・レッスン4にある練習問題（p. 115）で、気体の状態方程式に慣れましょう。

6.4　気体の体積は、物質量が同じなら、違う物質でも同じ！

上述の気体の状態方程式を使うと、どんな気体の体積も計算することができます（よ〜く考えた後に、驚いてください）。窒素でも酸素でも計算できるんです（まだ驚きませんか？）。N_2（窒素）1 mol と O_2（酸素）1 mol は同じ体積になるということなんですよ！　物質が違うのに同じ体積になってしまうなんて、ちょっと驚きですよね。

5.1 節で学んだ気体のイメージを思い出してください。気体において、分子は広大な空間をひとりぼっちで飛び回っているイメージでした。このような状態では、少しぐらい分子が大きめでも小さめでも影響がないと思って納得しておきましょう。

もちろん、異なる物質の混合物の気体でも、この式を使えることになります。

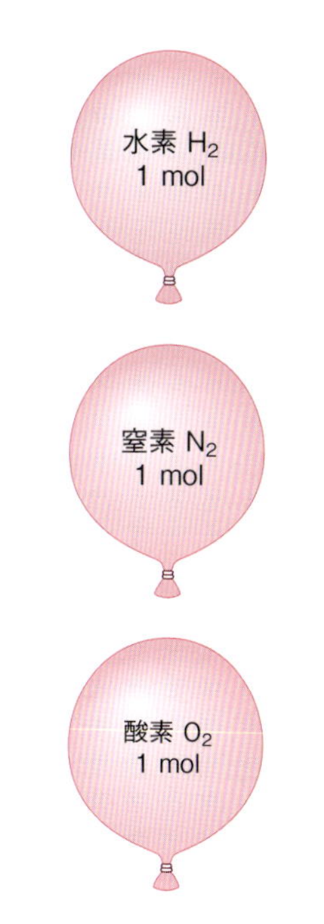

1 mol の気体の体積は同じ！

6.5　全圧と分圧

二種類のガスが混ざっている場合について考えてみましょう。ガスの種類は基本的に区別する必要はないということですので、それぞれの圧力（**分圧**（ぶんあつ）といいます）の合計が、全体の圧力（**全圧**（ぜんあつ）といいます）になります。

空気の場合、全圧は通常 1.013×10^5 Pa ですから、酸素の割合が 20% ならば、その分圧は 2.026×10^4 Pa、窒素の割合が 80% ならば、その分圧は 8.104×10^4 Pa になります。

窒素が 4 mol、酸素が 1 mol 含まれる気体があるとします。また、気体全体の圧力が 10000 Pa とします。窒素の分圧は、気体全体のモル数に占める窒素のモル数の割合を利用して計算できます（分子の数で考えることもできます）。

$$10000 \times (4/5) = 8000 \qquad 8000 \text{ Pa です。}$$

6.6　空気の組成と平均分子量

空気は、私たちの身の回りの化学物質の中で、最も重要なものの一つでしょう。その組成（そせい）としては、窒素、酸素、二酸化炭素、アルゴン、（水蒸気）を覚えることをお勧めします[*11]。

私たちの身の回りの空気は、窒素が約 80%、酸素が 20% といわれます。あまり細かい数字を覚えても意味がありません。湿度が上がったり下がったりしているとき、空気の成分である水蒸気の量は、増えたり減ったりしています。そのようなことが起こると、厳密には、窒素や酸素の割合も変わってしまうということになります[*12]。

次に、空気の平均分子量というものを考えてみましょう。これは、空気は平均として、どれぐらい重いのか？　という意味の議論です。窒素（N_2）の分子量を 28、酸素（O_2）のそれを 32 として、それらの割合を 80% と 20% とするならば、空気の平均の分子量は 28.8 となります[*13]。家庭

＊11　N_2、O_2、CO_2、Ar、(H_2O) ですね。窒素と酸素が二原子分子となることをそろそろ覚えましょう。

＊12　厳密に扱う必要があるときには、乾燥空気という考え方を使います。

＊13　$28 \times 0.8 + 32 \times 0.2 = 28.8$

でガス漏れが起きたとき、都市ガスを利用しているならば、その主成分は分子量 16.04 のメタンですので、空気と比べて軽い（天井にたまりやすい）と考えることができます[*14]。

＊14　したがって、ガス検知器のセンサーは天井近くに設置するのが有効でしょう。

発展学習

6.1　天気予報では、高気圧と低気圧という言葉が使われます。高気圧の場所では、気体は圧縮されているはずですから、同じ大きさ（体積）で比べると、空気が重くなっていると考えられます。重くなった空気は下へ行こうとします。

6.2　温度が高くなると気体の体積が大きくなると学びました。温度が高くなったときに体積が大きくなるのは、固体でも液体でも同じですね（例外もありますが）。気体の場合、温度による体積変化が、固体や液体の場合よりも圧倒的に大きい、ととらえておく必要がありそうです。

6.3　絶対温度は大切な考え方ですので、少し学びを補っておくことをお勧めします。インターネットで絶対温度を検索して知識を補いましょう。

6.4　本章では、温度が話題になりました。日常生活では、さまざまな工夫をして飲み物や食べ物を冷やしています。火事が起きたときは、水で冷やして火を消すのが基本ですね。さらに物を冷やすとき、氷を使うことは知っていますね。氷では、氷の融点である 0℃ まで冷やすことができます。もっと冷やすには、どのような物質が使えるでしょうか？ → **ポイント解説あり**（p. 106）

6.5　1 cm^3 の水が 100℃ の水蒸気になると、体積がどれぐらい増えるか計算してみましょう。→ **ポイント解説あり**（p. 106）

6.6　$PV = nRT$ の式を、体積を計算するために使用する方法をいくつか示してきましたが、この式は別の使い方もできます。当たり前のことですが、P、V、n、T のうち三つが分かっていれば、残りの一つを計算で出せることになります。

6.7　メタンを主成分とする都市ガスが部屋の中で漏れると、天井にたまる可能性があると学びました。では、ボンベで家庭に供給されている、プロパンを主成分とするガスの場合はどうでしょう？　天井にたまりやすいでしょうか？　床にたまりやすいでしょうか？（17.4 節の側注に解答があります。）

6.8　有機溶剤（ようざい）の一種であるアセトン（液体）の分子量は 58.08 です。この分子が蒸発した場合、床にたまりそうですね。蒸発した直後は臭うかもしれませんが、いったん床にたまってしまうともう臭わない可能性があります。作業現場では、引火（いんか）に気をつけたいものです。

第7章 分子の挙動を決めるもの

第5章で学んだように、分子は温度などの状況により、寄り添いあってじっとしていたり、ばらばらになって飛び回ったりします。このような分子の挙動の起こりやすさを決めるのは、分子と分子の間に働く力です。力が弱いとばらばらになりやすいということになります。

同種の分子の間だけでなく、異種の分子の間に働く力も、さまざまな現象において重要な役割を演じています。例えば、第8章で学ぶ「溶解（ようかい）」の現象にも深く関わっています。

さらには、第7編の生命の化学にも深く関わっています。分子の間に働く力は、化学を学べば学ぶほど重要性を増す問題です。

7.1 分子と分子の間には力が働いている[*1]

液体の状態にあるとき、分子は一定の場所に留まってはいませんが、となりの分子と寄り合う状態にあり、引き付け合っていると理解することができます。これが気体になると、分子は完全にばらばらの1個1個の状態になってしまいます。遠く離れてしまうので、お互いの間に力は及ばない状態になります。

分子が液体の状態から気体の状態へと変化するときには、液体の状態で分子と分子の間に働いている力に打ち勝って飛び出していくことが必要になります。このような理由により、分子の間に働く力（**分子間力**（ぶんしかんりょく）と呼ばれます）は、その液体の沸点と関係してきます。

＊1　7.1節の理解のためには、8.1節も参考になります。

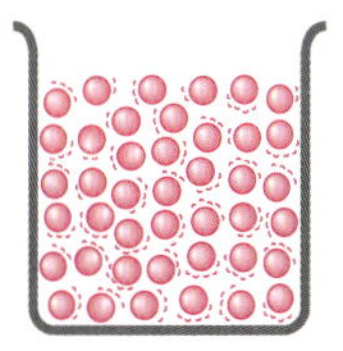

分子間の距離が小さく，分子間力がはたらく。

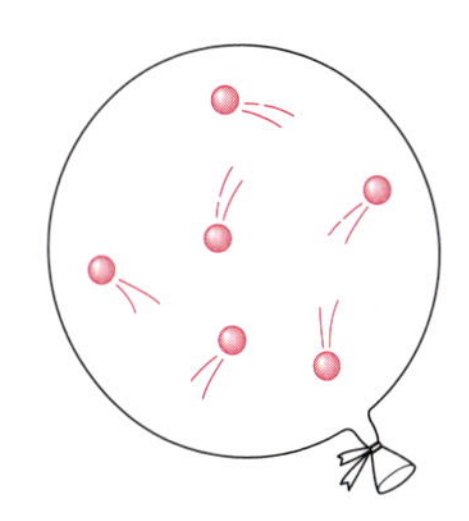

気体では，分子間の距離が大きく，分子間力は無視できる。

図　液体の状態（上）と気体の状態（下）の分子の様子

7.2 分子間力の種類

分子間力は、金属結合・イオン結合・共有結合などにおいて働いている力と比較すると、弱い力です。しかし、分子のふるまいを支配している大変重要な力ということができます。何種類かあり、やや強めのものから大変弱いものまであります。強い順に次のようになります。

① **分子イオン間の相互作用**：陽イオンと陰イオンの相互作用で、分子がイオンの場合。分子がイオンになる場合については、まだ学んでいません。10.2節で最初の例が出てきます。

② **水素結合**：水素を介した相互作用で、正確な定義は結構むずかしいものです[*2]。実際には、−O−H…O=、=N−H…N≡、とこれらがミックスした場合である −O−H…N≡、=N−H…O=といった相互作用と考えていれば充分です。水素結合は … で表されます。

③ **双極子（そうきょくし）間の相互作用**：次ページの図を見ると分かりやすいと思い

＊2　水素結合は、結合という言葉が用いられていますが、共有結合のように強く切れにくい結合ではありません。弱い結合で、結合したり離れたりを繰り返しているとイメージされます。

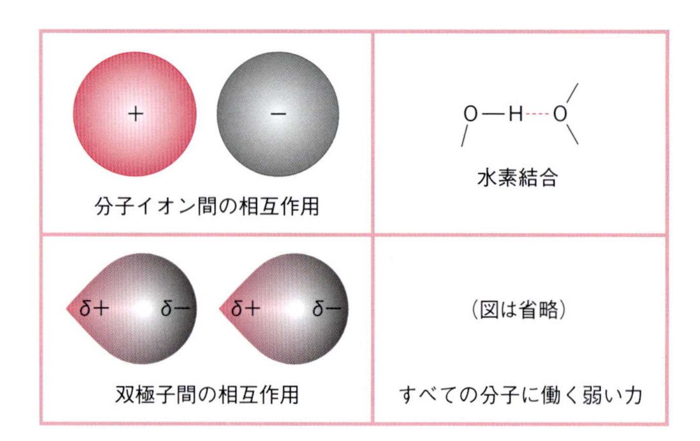

ます。分子全体としては電荷を持たず、プラスでもマイナスでもないのだけれど、分子の一部において、ややプラスよりの部分（δ+（デルタプラス）と表しています）とややマイナスよりの部分（δ−（デルタマイナス）と表しています）があるような分子を考えています[*3]。一つの分子のプラスよりの部分ともう一方の分子のマイナスよりの部分が引き合います。7.5節で少し詳しく説明します。

④ **弱い力**：「すべての分子に働く弱い力」と化学の初心者には説明される力で、普通の化学をやっている限りは、まずこれ以上の理解は必要ありません。

＊3　このような電荷の偏りを**分極**（ぶんきょく）といいます。

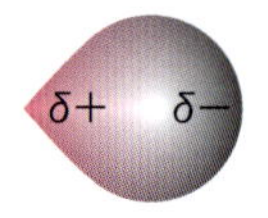

分極しているプラスの部分とマイナスの部分をセットで**双極子**と呼ぶのです。むずかしい言葉づかいですね。

7.3　分子間力と沸点の関係の基本

基本的な有機化合物では、分子間力と沸点の関係が分かりやすく見てとれます。前述の四種類の分子間力のうち、すべての分子に働く弱い力のみが働いている分子の例と理解してよいでしょう。

	メタン CH_4	エタン C_2H_6	プロパン C_3H_8	ブタン C_4H_{10}	ペンタン C_5H_{12}
分子量	16	30	44	58	72
沸点（℃）	−161	−89	−42	−0.5	36

分子が大きくなると（分子量が大きくなると）、沸点が高くなる様子が見られます。これが基本です。

これと比較すると、水が異常な値を持つことが分かります。分子量がたったの18であるのに、沸点が100℃だからです。いかに、水分子の間に強い分子間力が働いているかを示しています。

7.4　分子の水素結合を表現してみよう

水（H_2O）が水素結合する様子は次ページ上の図のように表せます。

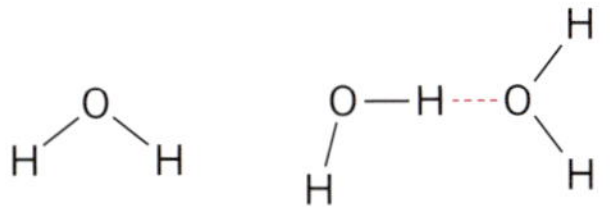

図　水分子の水素結合

このような分子の表現方法は、4.2節で紹介しました[*4]。一方の水分子の水素と、もう一方の水分子の酸素とをつなぐ点線、これが水素結合を表したものです[*5]。

エタノールが水分子と水素結合する様子を下に描きました。2個の水分子と同時に相互作用する形で描いてあります[*6]。水と仲が良さそうだな、水によく溶けそうだな、と感じてもらえますでしょうか？　水と仲の良い分子を見分けられるようになれたら最高です。

＊4　**ケクレ構造式**、または単に**構造式**といいます。

＊5　－O－H…O＝という原子の並びを確認しましょう。この並びは、直線になるように描きます。

＊6　エタノール分子同士も水素結合することができます。描いてみてください。

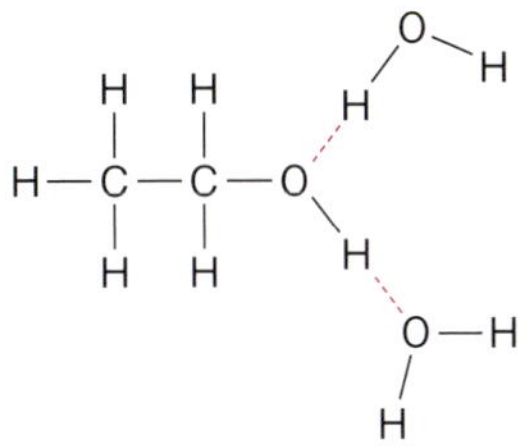

図　エタノールと水の水素結合

7.5　双極子間相互作用をする分子

今度は、双極子間相互作用について考えます。先ほどは、分子の構造を示さずに考えましたが、双極子を持つ分子とはどのような分子なのか学んでおきましょう。

分子ですから、結合は共有結合です。しかし、じつは、共有といっても、電子は均等に共有されるとは限らないのです。二つの原子が同種の元素なら均等に共有されますが、異なる元素の場合は、そうなりません。

同種の元素の結合　H－H、 Cl－Cl

異種の元素の結合　C－O、 C－N

各元素がどれぐらい電子を自分の方へ引き寄せるかを示す尺度は、**電気陰性度**と呼ばれます[*7]。C（炭素）とO（酸素）の場合、電気陰性度はOの方が大きく、C－Oの結合においては、電子はOの方に偏っています[*8]。これを $\delta+$ や $\delta-$ を使って、次のように表現します。このように、全体としてはプラスでもマイナスでもないけれど、プラスとマイナスの中心がずれている状態のことを「**分極**している」とか「**極性**がある」と表現します。

＊7　各元素の電気陰性度は数値が知られていますが、数値を覚える必要はありません。周期表で、18族を除けば、右上にいくほど大きくなる傾向があります。

＊8　電気陰性度についてはいくつかの報告がありますが、ポーリング（Pauling）という人が提案した電気陰性度がよく使われます。数値が大きい元素の方が、電子を自分の方へ引き寄せる力が強くなります。

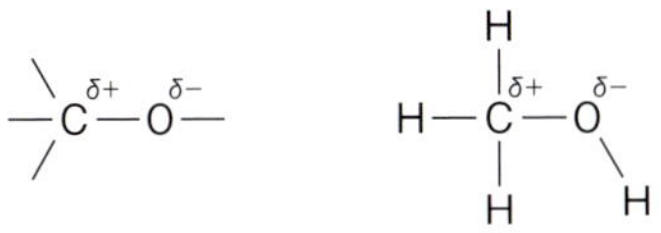

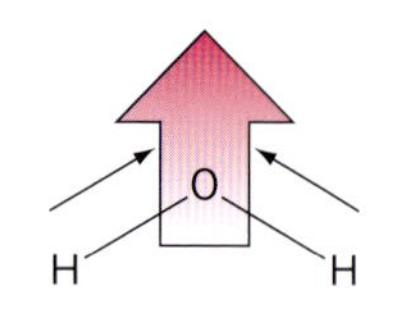

以上は、結合における電子の偏りです。次に、この考えを分子全体に拡大して、分子全体としての極性を考えます。水を例としてみましょう。O と H では O の方が電気陰性度が大きく、O の側が $\delta-$ となっています（左の図では電子の偏りを → で表現しています）。

このような電子の偏りが二つ足し合わされると、⇧ で表したようになります。これが分子全体としての極性になります。「水は極性を持っている」「水は**極性分子**である」などと表現されます。

発展学習

7.1　次の結合において電子はどちらに偏っているか、$\delta+$、$\delta-$ を使って答えなさい。→ **ポイント解説あり**（p. 106）

C－O　　C－N　　C－Cl

7.2　次の分子は、極性を持つか、持たないか、答えなさい。→ **ポイント解説あり**（p. 106）

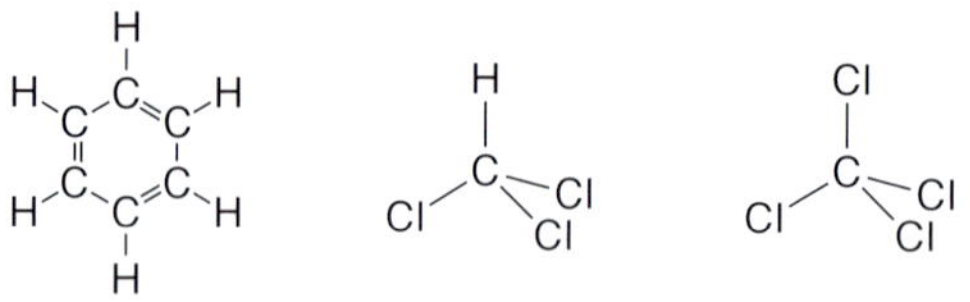

7.3　C_3H_8 の分子量は 44.09 で沸点は −42℃、C_4H_{10} の分子量は 58.12 で沸点は −0.5℃です。お酒に含まれているエタノール C_2H_5OH（水素結合する）の分子量は 46.07 ですが、その沸点はどれぐらいになると思いますか？考えてから調べてみましょう。

7.4　次の二つの分子はどちらも C_5H_{12} で表される分子です。このような関係にある分子は、お互いに**異性体**の関係にあるといいます。分子量は同じになりますが、どちらの化合物の方が、沸点が高くなるでしょうか？→ **ポイント解説あり**（p. 106）

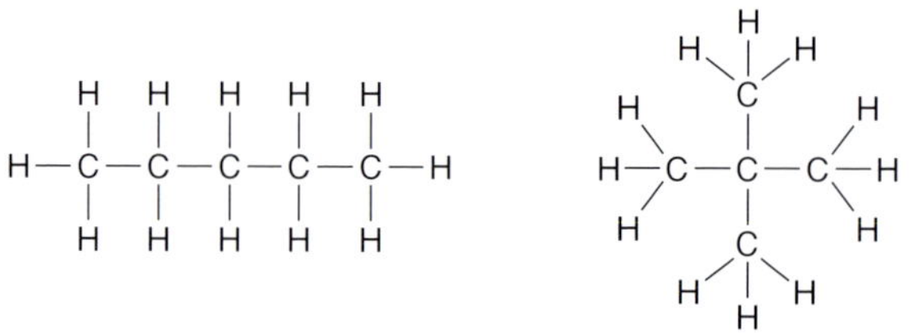

7.5　水素結合は生体の中で大変重要な役割を演じています。植物の体を作っているセルロースがあんなに丈夫なのも、分子と分子の間に働く水素結合の影響とされています。また、19.5 節で学ぶ DNA においても、重要な役割を演じています。

第8章 液体と溶液

気体のふるまいについて、第6章で学びました。ここでは、液体のふるまいを中心に学びます。液体の性質のうち充分な理解が必要なのが、「物を溶かす」性質についてです。地球には、広大な海があります。この広大な海が私たちに与える影響を理解するためには、「水（液体）そのもの」と「水（液体）が別の物質を溶かす性質」を知ることが重要です。血液も液体です。さまざまな物質が溶け込んでいて、それらなしでは私たちは生きることができません。ここでは、重要性が圧倒的に高い**水**を液体の例として学びます。水以外の液体については、水と比較して推測するのがよいでしょう。

8.1 液体が示す性質 －液体の盛り上がり：表面張力－

コップに水を静かに入れていき、なるべく多くの水を入れてみましょう。最後には、コップのふちを越えて水がこぼれてしまいますが、その前に、コップのふちより水面が高くなってもこぼれない、水が盛り上がった状態ができます。この現象はどうして起こるのでしょうか？

液体を構成している分子は、**分子間力**と呼ばれる力により、お互いに引っ張り合っています。(7.2節で学びました。また、この力が液体の沸点にも関係していると7.3節で学びました。) 分子同士が引っ張り合っているから分子がコップのふちから落っこちていかないというのは、右のイラストを見てもらうと直感で納得できると思います。もし、分子間力がもっと小さい液体だったら、その液体はほとんど盛り上がらないでしょう。水よりももっとさらさらとした液体となり、水玉のでき方や雨の降り方も変わってくるでしょう。

分子間に働く力がもととなって現れるこの力は、**表面張力**（ひょうめんちょうりょく）と呼ばれます。分子間力が強いほど、表面張力も大きくなります。

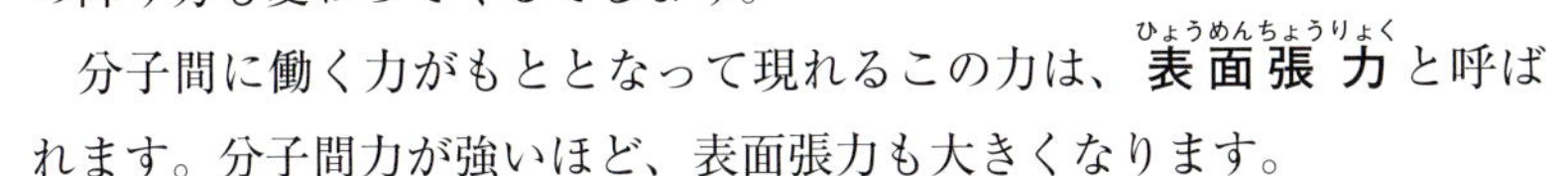

8.2 ぬ れ

今度は、お皿の上に、水を1滴たらしてみましょう。お皿の上に、広く広く広がっていきましたか？　答えは「いいえ」だと思います。一定の広さまで広がるけれども、お皿の上に少し盛り上がった形で止まっているはずです。水が盛り上がっているのは、先ほどと同様、水分子同士が引っ張り合っているからですが、この場合は、それだけですべてが決まるわけではありません。ここでは、お皿の表面と水との相性も重要だからです。平易な言葉でいうと、お皿が「ぬれやすい」か「ぬれにくい」

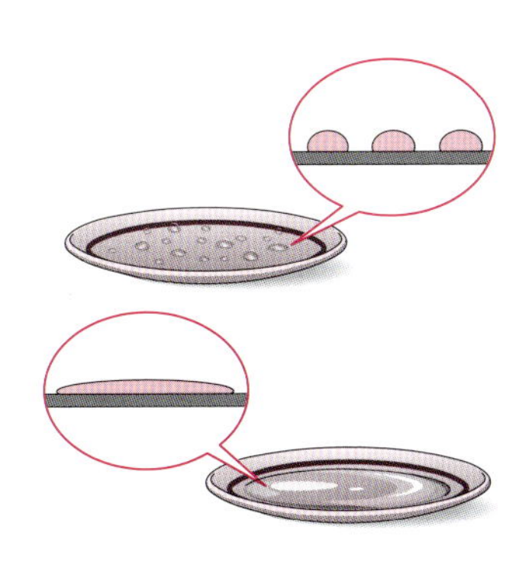

かです。下側にある固体（お皿）の表面が水と相性が良ければ（水と引き付け合う性質を持っていれば）、水は広く広がり、相性が悪ければ、水は小さくまとまって水玉に近くなります。

この「**ぬれ**」の問題は、印刷の分野では大変重要です。油性インク、水性インクなどの言葉を聞いたことがあるでしょう[*1]。インクと紙やプラスチックフィルムなどの印刷媒体との相性は、うまく印刷できるか否かを左右する問題だからです。

＊1　関連の言葉に、**親水性**、**疎水性**、**親油性**があります。

8.3　毛細管現象

水などの液体が、細い管の内側を上る現象です。植物が水を吸い上げるときに、重要な役割を演じているといわれるものです。この現象は、分子間力に由来する表面張力・壁面のぬれやすさ・液体の密度に関係しています。この現象にも、分子間力が関係しているんですね。

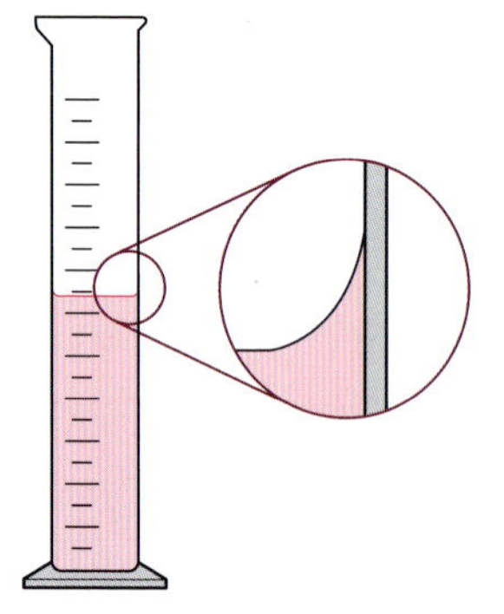

図　メニスカス
上のような液面の屈曲をメニスカスといいます。

管が細くない場合には、左の図のように液面が曲がって少し高くなる現象として現れますが、もちろんこれは**毛細管**（毛のように細い管）ではないので、**毛細管現象**と呼ぶのは抵抗があります。

霜柱ができる現象も、毛細管現象が関係しているといわれています。

8.4　液体が示す性質 －他の液体との混合－

「水と油」という言葉を聞いたことはありますか？

料理をしていると、油が水の上に浮いているのをよく見かけます。油は水と溶け合わないこと、水よりも軽いことが分かります。

油は有機化合物です。有機化合物の中には、水と仲の良いものと悪いものがあります。例えば、お酒に含まれているエタノールと呼ばれる分子は、水とどんな割合でもきれいに混ざり合い、アルコール度数の高いお酒や低いお酒ができます。お酢に含まれている酢酸と呼ばれる分子も、水によく溶ける分子です。どのような分子が水に溶けるのかは、第12章以降で学ぶことになります。二つの液体が混ざるかどうかを決めるのは、一方の液体の分子と他方の液体の分子が、引き合う相互作用をするか否かにかかっています。もちろん、よく引き合うならば、よく溶け合うことになります。

8.5　溶　液

液体に他の物質が溶けているとき、この全体のことを**溶液**といいます[*2]。溶けている物質を**溶質**、溶かしている液体を**溶媒**と呼びます[*3]。液体には、固体・液体・気体のいずれも溶けることができます。

コーヒー（液体、溶液）に砂糖（固体）を溶かした経験は誰でもありま

＊2　溶媒が水のときには、**水溶液**という言葉がよく使われます。

＊3　水以外の溶媒といえば、普通、有機溶媒になります。有機化合物（第12章）をしっかり学んでから考えましょう。

すね。炭酸飲料（液体、溶液）を入れたグラスの中で、溶けていた気体が泡（気体）となって出てくるのを見たことがありますよね。水の中に酸素が溶けているから、魚が呼吸をできるということも知っているでしょう[*4]。このように、さまざまな物質が液体（身の回りだと水）に溶けます。

溶ける量は物質によって異なります。例えば、砂糖の主成分であるスクロースは、20℃において 100 mL の水に約 211.5 g まで溶けるそうです。しかし、温度を上げるともっと溶けるようになります。通常、固体は温度が高い方がより多く溶け、気体は逆に温度が低い方がより多く溶けます。このことは、地球環境を考えるときにも必要となる重要な知識です。

溶質が溶媒にどれくらい溶けているかは「**濃度**（のうど）」で表現されます[*5]。mol/L という単位が、化学では最もよく使われます[*6]。

*4 空気中の酸素や二酸化炭素が海へ溶け込むことは大切な知識です。

*5 濃度については、ワンポイント・レッスン 5（p. 116）で学びましょう。

*6 mol/L（もる・ぱー・りっとると読みます）は、しばしば、「M」と一文字で表されます。

8.6 溶けた物質のイメージ ―溶媒和―

溶質が溶媒に溶けているとき、溶質の基本粒子は溶媒の分子に完全に取り囲まれていると考えます。

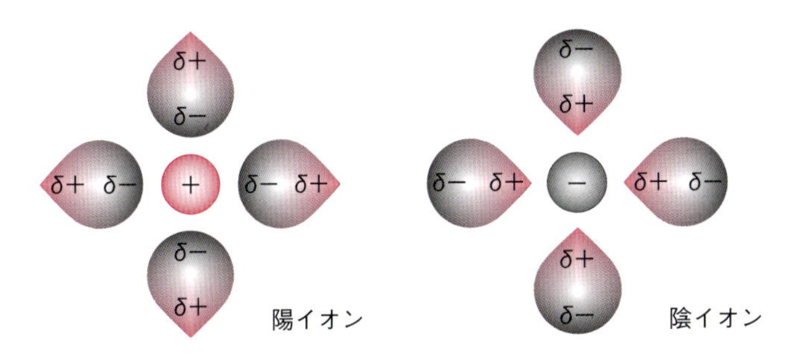

図 極性溶媒によるイオンの溶媒和のイメージ

砂糖なら砂糖の分子が、塩化ナトリウムならば、ナトリウムイオンと塩化物イオンのそれぞれが、溶媒の分子に取り囲まれていることになります。このように、溶媒に取り囲まれることを**溶媒和**（ようばいわ）といいます[*7]。陽イオンが極性溶媒の中で溶媒和されるなら、プラスとマイナスが引き合うわけですから、当然、極性を持つ溶媒の分子の δ− の部分が陽イオンに向けられる傾向があることは想像できますね[*8]。溶かし込んでいる液体の側（がわ）にも変化が生じているという深～い話です。

*7 何個の溶媒和分子で溶媒和されるかは、場合により異なります。絵を描くと、そのような疑問点がすぐに見えてきます。図は、4 個の溶媒分子に溶媒和されることを想定した例です。

*8 ただし、分子は常に動いています。

8.7 電解質と非電解質

溶けるという現象について、もう少し学びましょう。塩化ナトリウムは水に溶けるとき、ナトリウムイオン（Na^+）と塩化物イオン（Cl^-）に分かれて溶けます。この現象を**電離**と呼び、このような物質を**電解質**と呼びます。固体のときにイオン結晶を形成している物質は、溶けるならば、電離して溶けるはずです。

これらのイオンが一定の動き方をすると電気を導くことになります。電解質の溶液には電気が流れるのです*9。

上記のような電離をしない物質も多くあります。電離することなく溶ける物質は、**非電解質**と呼ばれます。こちらの方が普通のような感じがしますね。砂糖が溶ける場合がこれにあたります。

*9　電荷を持つ粒子が移動するとき、これが電流となります。金属の中では、電荷を持つ粒子である電子（**自由電子**）が移動して電流が観察されます。

発展学習

8.1　風呂場の鏡が曇る現象は誰でも知っています。これは、細かい水滴が鏡の上にたくさんくっつくことにより起こります。水滴がつかなくなれば、これを防ぐことができます。鏡の表面の親水性を高めると、水は鏡の上に広く広がってしまい水滴にならなくなります。超親水性技術として知られています。

8.2　何が何に溶けているか考えてみましょう。溶けているものすべてを答えられなくても構いません。

炭酸水

海水

血液（むずかしいですが、考えることに意味があります）

8.3　電解質であっても、水に溶けたときに常に100% 電離するとは限りません。全体のうちどれぐらいが電離するかという割合のことを「**電離度**」と呼び、次の式で表されます。

$$\text{電離度}\ (\alpha) = \frac{\text{電離している物質量}}{\text{溶けている物質量}}$$

強電解質、弱電解質という言葉が使われますが、強電解質の電離度（α）は、ほぼ1です。

8.4　電子レンジでは、主に水を温めます。塩分を含む食品では温まりにくくなるとか、逆に温まりやすくなるとかといった話題があります。塩分の溶解により水の状態が変化していることの現れとして理解するとおもしろいですね。

8.5　生理学上重要な電解質のイオンは、ナトリウム、カリウム、カルシウム、マグネシウム、塩化物イオン、リン酸イオン、炭酸水素イオンなどとされています。

8.6　「水に溶けやすい物質」と、別の「水に溶けやすい物質」は、仲が良いでしょうか？　例えば、一方が液体ならば、他方を溶かすでしょうか？　友達の友達は友達と考えると、仲が良いはずです。→ ポイント解説あり（p. 106）

8.7　牛乳は、水の中に脂肪が**分散**した**コロイド**です。脂肪が「溶けた」といわずに「分散した」と表現しているところが違いですね。でも、コロイド溶液という言葉は使われるようです。あくまでも例外の話ですから、溶解のイメージをくずさないでくださいね。→ ポイント解説あり（p. 106）

第３編　反応が関わる現象

第３編では、物質が別の物質に変わる現象を取り上げます。まさに化学の知識なくしては正しく理解することのできない問題です。この現象を少し幅広くとらえ、物質の構造が一時的に一部変化する（後にすぐ元に戻る）ような現象もここで学びたいと思います。

第９章　反　応

反応という言葉は、化学以外の分野や日常生活でも使われる言葉です[*1]。化学の分野で使われるときは、反応という言葉の意味が狭くなります。「**反応**」は、ある物質が別の物質に変わることを意味します。

*1 「大きな音がしたのでとっさに体が反応した。」などという言い方があります。

9.1　別の物質に変わる

ある物質が別の物質に変わるとき、その現象を**化学反応**（かがくはんのう）と呼びます。例えば、天然ガスの主成分であるメタン（CH_4）は、酸素（O_2）と結びついて燃えると、二酸化炭素（CO_2）と水（H_2O）を生じます[*2]。明らかに別の物質に変わっています。

*2 メタンは沼地などでも発生しており、ポコポコ泡が出ている様子が観察される場合があります。

燃える反応は**燃焼反応**（ねんしょう）といわれます。人間は火を使うようになり、サルの祖先と分かれて進化したといわれます[*3]。つまり、物が燃える反応（化学反応）を扱えるようになって、他の動物とは異なる生活を始めたと考えられます。火というのは燃焼反応の結果です。エネルギーについては第６編で学びますが、燃焼においては、物質の変化に伴い、熱（エネルギー）とある程度の光（エネルギー）が生み出されるわけです。人はこの熱を利用して暖をとったり、光を利用して明るさを保ったりしていたということですね。

*3 「人は火を使うことができるので、他の動物とは異なる」といわれます。「道具を使う動物」は、人の他にもいます。

9.2　反応式

化学では、反応をハッキリと表すために、**反応式**という式を利用します。矢印（⟶）を真ん中に置き、反応する前の物質を左辺に、反応した後の物質を右辺に並べます。反応が進むと、左辺の物質が右辺の物質に変化することを意味します。

（物質 A）　⟶　（物質 B）

（物質 A）＋（物質 B）　⟶　（物質 C）＋（物質 D）

物が燃える反応（燃焼反応）の反応式を、メタンについて書いてみましょう。メタンは、多くの場合、都市ガスの主成分です。まず、反応する物質を左辺に書きます。メタンは CH_4 と書けます。燃えるとは、空気中の酸素（O_2）と反応することですので、次に O_2 と書きます。次に、⟶を書いて、続いて右辺を書きます。CH_4 の C が O と結びついた結果である CO_2 と、CH_4 の H が O と結びついた結果である H_2O とが生成します（C と H のみからなる有機化合物が燃えると、二酸化炭素（CO_2）と水（H_2O）ができます）ので、これらを書きます。以上で、下の式のようになります。

$$CH_4 + O_2 \longrightarrow CO_2 + H_2O \qquad \text{(未完成)}$$

反応によって原子間の結びつき方が変わることはあっても、原子は突然現れたり消えたりしませんから、式の左辺と右辺には、同じ個数の原子がなくてはなりません[*4]。数を合わせると次の式になります。

$$CH_4 + 2O_2 \longrightarrow CO_2 + 2H_2O \qquad \text{(完成！)}$$

このような式は、「1分子のメタンと2分子の酸素が反応して1分子の二酸化炭素と2分子の水が生成した。」と見ることができますが、「1 mol のメタンと2 mol の酸素が反応して…」というように、mol 単位でとらえることの方が化学では普通です。

固体・液体・気体といった物質の状態も表す必要がある場合には、各物質の後ろに（　）をつけて表します。固体ならば（固体）や（固）、液体ならば（液体）や（液）、気体ならば（気体）や（気）です[*5]。

$$CH_4\,(\text{気体}) + 2O_2\,(\text{気体}) \longrightarrow CO_2\,(\text{気体}) + 2H_2O\,(\text{気体})$$ [*6]

*4　数の合わせ方はワンポイント・レッスン6（p.116）で学びましょう。

*5　英語の表記では固体（s）、液体（l）、気体（g）をつけます。

*6　この反応式では、生成する水は水蒸気を想定しています。化学の初心者は、反応式を書けるようになることよりも、きちんと読めることを目指しましょう。

9.3 燃焼反応

反応について慣れていくために、燃焼反応について、もう少し学びましょう。物が燃える反応は、人にとって最も重要な反応ですから。プロパン（C_3H_8）の燃える反応を見てみましょう。プロパンは、都市ガスが使用されていない地域で、ボンベにつめられて各家庭へ届けられているガスの主成分です。式は次のようになります。

$$C_3H_8 + 5O_2 \longrightarrow 3CO_2 + 4H_2O$$

1 mol のプロパンを完全に燃焼させるには5 mol の酸素が必要だと分かります。また、1 mol のプロパンが燃えると、3 mol の二酸化炭素が発生することも分かります。C の立場で考えると、はじめ H と結びついていたのが、これと離れて O と結びついたということになります。

身の回りで燃えるものといえば、木や紙が思い浮かぶと思います。木も紙も植物のからだから作り出されたもので、いろいろな物質が混ざり合った、かなり複雑な有機化合物です。生物のからだを構成する分子については後ろの章で学びますが、ここでは C と H を中心とした有機化

プロパンガスのボンベ

合物でできていると理解しておきましょう。CとHが含まれていますので、燃えると、当然、二酸化炭素と水が生成します。

次は、水素が燃える反応です。まず水素を書いて、燃える反応なので次に酸素を書いて、⟶の右側に反応した結果である水を書きます。

$$H_2 + (1/2)\,O_2 \longrightarrow H_2O$$

あたり前ですが、環境問題で話題になっている二酸化炭素は、水素が燃えても発生しません。

9.4 酸素と結びつく反応

燃える反応について9.3節で学びました。それは、物質を構成する元素（CH_4ならCとH）が、それぞれ酸素と結びつく反応でした。酸素と結びつく反応は、大気中に酸素がたくさんある星である地球上で、最も重要な反応と考えられます。この酸素と結びつく反応を、もっと幅広く見てみましょう。

鉄で考えてみましょう。鉄（Fe）は酸素と結びつくと、酸化鉄になります（金属ではなくなります）。鉄がさびた後にできているのが、酸化鉄です。酸化鉄は、Fe_2O_3やFe_3O_4など何種類かあります。鉄の原子はイオンになっています。金属ではなくなった結果、電気を通しにくくなっています。生成する反応は複雑なので、簡単な反応式で示されることはないようです。一般に金属は、酸素と結びつくと金属ではなくなり、金属として持っていた性質を失います[*7]。

有機化合物が酸素と結びつくとき、「燃える」という表現をしました。熱と光を発しながら、炎をあげるからです。金属については、燃えないというイメージが強いと思います（鉄やアルミニウムでできた調理器具（鍋(なべ)など）は、火にかけても燃えません）。そのイメージはそのまま大切にしてほしいと思いますが、マグネシウムという金属は強い光を出しながら燃えることで、化学の世界では有名です。

9.3節、9.4節で学んだ酸素と結びつく反応は、**酸化(さんか)**（**反応**）と呼ばれます。

*7 銅が酸素と結びつく反応は、下の式のようになります。

$$2Cu + O_2 \longrightarrow 2CuO$$

この反応は、金属の銅（Cu）が空気中の酸素と結合し、酸化銅（CuO）ができる反応です。銅が酸素と結びつく様子が反応式によく現れています。室温では観察できない反応ですが、空気中で銅を高温に熱すると、黒色の酸化銅の生成が認められます。

9.5 酸化反応と還元反応

今度は、酸素と離れる反応を見てみましょう。空気中には酸素がたくさんあるので、このような酸素が離れる反応は、身の回りでは見ることができません。

少し化学らしい実験になりますが、酸化銅（CuO）は、熱しておいて水素と接触させると、酸素を手放して金属の銅に戻ります。

$$CuO + H_2 \longrightarrow Cu + H_2O$$

電気を導く能力が復活します。このとき、酸化銅の黒い色が、銅のあの独特の色に戻るところが観察されます。酸素を手放す反応は**還元**（**反応**）と呼ばれます。銅に結合していた酸素は、水素と結合し、水となります。

ここで、上の式をもう少し詳しく見てみましょう。酸化銅が酸素を失って還元されており、同時に、水素が酸素と結びついて酸化されています。**酸化と還元は対になっていつも同時に起こる**のです[*8]。このような理由により、酸化反応と還元反応の両方（全体）に注目しているときは、**酸化還元反応**といいます。

＊8　酸化する、還元する、酸化された、還元された、酸化剤、還元剤といった言葉を使うのは、化学の初心者には結構むずかしいことです。章末の発展学習で少しずつ慣れましょう。

発展学習

9.1　水が水蒸気になったとき、水（H_2O）は H_2O のままなので、蒸発のことを反応の一種とはみなしません。水が凍る現象も同様です。つまり、三態間の変化については、通常、反応とはいわないということです。

9.2　1 mol のプロパンが完全燃焼するためには 5 mol の酸素が必要でした。この酸素が足りない場合はどのようなことが起こるのでしょうか？ →ポイント解説あり（p. 106）

9.3　酸化還元反応という観点から、次の反応を見てみましょう。

$$H_2 + (1/2)\,O_2 \longrightarrow H_2O$$

「水素は、酸素と結びつくことにより、酸化された」と見ることができます。酸化と還元は同時に起こるという原則に基づくならば、「酸素は、水素と結びついて、還元された」とならなければなりません。このように考えてくると、酸化と還元について、「水素と結びつく ＝ 還元」「水素と離れる ＝ 酸化」という考え方が成り立つことが分かります。水素は、酸素と並び、非常に幅広く存在し、多くの化合物と関わっているので、このような、水素を元にした酸化・還元の判断はとても有効です。

9.4　エタノールという分子から水素が二つとれると、アセトアルデヒドという分子になります。上（9.3）で学んだ考え方を用いるならば、エタノールは酸化されてアセトアルデヒドになる、と言い換えられます。

9.5　目的の物質を酸化するために使用する薬品（化学では**試薬**という言葉をよく使います）を、**酸化剤**といいます。逆に、還元するために使用する試薬を**還元剤**といいます。酸化剤の代表は酸素、還元剤の代表は水素です。他にどんな酸化剤や還元剤があるのか、調べてみるのもおもしろいですよ。むずかしい物質の名前が出てきてしまうと思いますけど。

9.6　**酸化数**という考え方があります。まず、水素は +1、酸素は −2、1 族の金属元素は +1、のように決めておきます。すると、$KMnO_4$（過マンガン酸カリウム）における Mn の酸化数は、O が四つで −8、K が一つで +1、全体では 0 だから、Mn は +7 と判断できます。別の Mn の化合物である MnO_2（酸化マンガン（Ⅳ）、二酸化マンガンとも呼ばれます）では、O が二つで −4 ですので、Mn は +4 となります。同じ Mn でも状態がだいぶ異なることが分かります。少しむずかしい話なので、覚えなくていいですよ～。

9.7　反応にはさまざまなものがあり、光が関わる反応もあります。あなたは、どんな反応が思い浮かびますか？ →ポイント解説あり（p. 107）

第10章 酸と塩基

第9章で酸化還元反応を学びました。第10章では、最も重要とされるもう一つの反応である酸塩基反応を学びます。○○反応という言葉はたくさんあるのですが、「すべての反応は、その原理から考えると、酸化還元反応か酸塩基反応になる」という言い方をされることもあるようです。

10.1 酸と塩基の発見

酸っぱい物質が、牛乳などを固めたり、金属を腐食させたりといった独特の性質を示すことは、古くから知られていました[*1]。同様の性質を示すもので、さらに強い性質を示す硝酸や王水[*2]も、中世の錬金術師が活躍した時代には知られていたといわれます。そして、やがて、**酸**という言葉が使われるようになりました。

また、酸の性質を消し去る物質も知られるようになり、やがて、**塩基**や**アルカリ**という言葉が使われるようになりました。そして、化学の考え方が進化してくると、酸や塩基とそれらの間の反応の本質が理解されるようになりました。

＊1 酢漬けといった食品保存の方法は、昔から多くの人に知られていましたが、ほとんどの人は、酸という考え方を知らずに使っていたはずです。

10.2 酸 －アレニウスの定義－

比較的早い時期に酸の定義を提唱した人に、アレニウスという人がいます。アレニウスが提案した定義では、「水に溶けると水溶液中の H^+ 濃度を高める物質」が酸です。少し不正確になりますが、もっと分かりやすくいってしまうと、「水に溶けて H^+ を放出する物質」が酸ということになります。

＊2 王水とは、濃塩酸と濃硝酸を混ぜた物です。

身の回りの酸の代表として酢酸（CH_3COOH）があります。酢酸は、料理用のお酢の主要成分です。これを例に考えてみましょう[*3]。

＊3 梅酢・柿酢・米酢など、たくさんの種類があります。

酢酸を水に溶かすと、一部の分子が次に示すように、酢酸イオン（CH_3COO^-）と水素イオン（H^+）とに解離します。

$$CH_3COOH \longrightarrow CH_3COO^- + H^+$$

「水に溶けて H^+ を放出する物質」であること、「水に溶けると水溶液中の H^+ 濃度を高める物質」であることがよく分かります。

酢酸の場合、水に溶かした酢酸分子のすべてが解離するのではなく、水の中に、CH_3COOH、CH_3COO^-、H^+ が共存する状態ができあがります。酢酸を 1 mol/L になるように水に溶かしても、H^+ が 1 mol/L 分は出てこないということです。このような酸はあまり強い酸ではなく、**弱**

酸(さん)といわれます。

食品が悪くなると酸っぱくなるといわれることがあります。これは、悪くなった食品の中に酸が発生していることに関係しています。このように、自然界では、酸というのは、かなり身近な存在なのです。

10.3 代表的な酸 ―塩酸―

化学薬品としての代表的な酸を見てみましょう。

塩酸(えんさん)と呼ばれる酸があります。塩化水素(HCl)という気体が水に溶けた溶液を塩酸と呼びます*4。HCl(aq.)と表記することもあります。水に溶けたときの反応は、次のように書くことができます。

$$HCl \longrightarrow H^+ + Cl^-$$ *5

塩化水素が解離しながら水に溶けて、H^+ と Cl^- に変化したことを示しています。HCl は、別の物質に変わっていますので、これは明らかに反応ですね。先ほどと同様、式の右辺に H^+ が現れています。H^+ ができて、水溶液中の H^+ 濃度を高めるので酸になります。

この酸は強い酸で、**強酸**(きょうさん)と呼ばれます。強酸は、水中では、ほぼ100%解離します。塩酸を例に説明するなら、その化合物の濃度と同じ濃度の H^+ を生成することになります。1 mol/L の塩酸ならば、1 mol/L の H^+ があることになります。

試薬(薬品)としては濃塩酸(のうえんさん)という名で売られます。HCl 濃度が約 12 mol/L です。水でうすめられた塩酸は、希塩酸(きえんさん)と呼ばれます。これらの薬品の容器のフタを開けておくと、HCl がガスとして抜け出していきます。HCl のガスは、金属の腐食を誘発しますので、フタはすぐに閉めましょう。近くに精密機器がある場合は、特に気を使います。

*4 胃酸の成分でもあるとされています。

*5 $HCl + H_2O \longrightarrow H_3O^+ + Cl^-$ と書くこともあります。H_3O^+ は**オキソニウムイオン**といいます。

10.4 代表的な酸 ―硫酸―

もう一つ、重要な酸を紹介しましょう。**硫酸**(りゅうさん)(H_2SO_4)です*6。水に溶けたときの反応は、次のように書くことができます。

$$H_2SO_4 \longrightarrow 2H^+ + SO_4^{2-}$$

硫酸の場合には、一分子の H_2SO_4 から2個の H^+ が生成していることが分かります。1 mol/L の硫酸ならば 2 mol/L の H^+ が生じるわけです。HCl のように1個の H^+ を出す酸は1価の酸、H_2SO_4 のように2個の H^+ を出す酸は2価の酸と呼ばれます。

硫酸は約98%の濃硫酸として売られています。HCl は気体でしたが、H_2SO_4 は違います。容器のフタを開けておいても H_2SO_4 が逃げていくことはありません。むしろ逆で、非常にうすい硫酸であっても、フタを開けておくと水が蒸発して、だんだんと濃い硫酸になることが知られて

*6 代表的な酸には、もう一つ硝酸(しょうさん)(HNO_3)というのがあります。1価の酸です。

います。このため、うすい硫酸であっても、服にたらすと、だんだんと濃い硫酸になり、やがて何日もしてから服に穴があくということがよくあります[*7]。

*7 実験は白衣を着てやりましょう。

10.5 塩　基

酸と同様、アレニウスの定義では、「水に溶けると水溶液中の OH^- 濃度を高める物質」が塩基です。少し不正確になりますが、もっと分かりやすくいってしまうと、「水に溶けて OH^- を放出する物質」が塩基ということになります。**水酸化ナトリウム**（NaOH）は、水中では、Na^+ と OH^- に解離します。つまり、OH^- を放出します。

$$\mathrm{NaOH} \longrightarrow \mathrm{Na^+} + \mathrm{OH^-}$$

ここまでの勉強が身についている人は、Na と同じ 1 族の元素に着目し、KOH や LiOH も同様に塩基の性質を示すと想像できるでしょう。

2 族の元素であるカルシウムからなる水酸化カルシウム（$Ca(OH)_2$）は、次の式のように 2 個の OH^- を放出するので、2 価の塩基です。NaOH と $Ca(OH)_2$ はどちらも白い固体です。

$$\mathrm{Ca(OH)_2} \longrightarrow \mathrm{Ca^{2+}} + 2\mathrm{OH^-}$$

水酸化ナトリウムを水がある状態でさわってしまうと、指がぬるぬるします。これは、皮膚が溶けている状態です。もちろん、そのままにしてはいけません。すぐに大量の水で徹底的に洗わなくてはいけません。

水酸化ナトリウムの固体

自然界に見られる塩基としては、草木灰（そうもくばい）が昔から知られています。第 1 章で、植物に含まれている元素を学んだと思います。炭素、水素、酸素、窒素などは、燃えると気体となって飛んでいきますが、カリウム、カルシウム、マグネシウムなどは燃え残ります。つまり、灰（はい）となります。典型的な灰の成分としては、炭酸カリウム（K_2CO_3）がよくあげられます[*8]。炭酸カリウムは OH を持っていません。これまでの説明では理解できないような、塩基性を示す理由があるということです。なぜ塩基性を示すかを理解するには、次の中和のところを読んでください。

*8 灰は、酸化物や炭酸塩です。

10.6 中　和

塩基は酸の性質を消し去る物質として見つかりました。HCl の水溶液と NaOH の水溶液を混ぜると、次のようになります。

$$\mathrm{HCl} + \mathrm{NaOH} \longrightarrow \mathrm{H^+} + \mathrm{Cl^-} + \mathrm{Na^+} + \mathrm{OH^-}$$

酸が放出する H^+ は、塩基が放出する OH^- と出会うと、反応して水になってしまいます。お互いの効果を打ち消し合う働きがあることがよく分かります。これを**中和**（ちゅうわ）といいます[*9]。Cl^- と Na^+ が残りますが、水を除くと、NaCl がとれます。これは次のような式になります。

*9 中和反応では必ず**中和熱**という熱が発生します。

$$HCl + NaOH \longrightarrow NaCl + H_2O$$

このNaClの例のように、酸から生じる陰イオンと塩基から生じる陽イオンからなる物質を**塩**と呼びます[*10]。

HClとNaOHが完全に等しい量（等量）ならばNaCl（料理に使う塩の主成分）と水になるわけですから、強酸と強塩基の水溶液であったものを同量混ぜるとただの塩水になってしまうということです。驚きですね。

10.5節で出てきたK_2CO_3は、H_2CO_3とKOHの塩と考えることができます。H_2CO_3が弱酸でKOHが強塩基であるので、K_2CO_3は強い方の性質となり、塩基性を示します。

*10　酢酸（CH_3COOH）と水酸化ナトリウム（NaOH）では、酢酸ナトリウム（CH_3COONa）ができます。

10.7　酸性と塩基性

水溶液中において、酸の性質が現れている状態、つまり、H^+が多い状態を**酸性**といいます。また、塩基の性質が現れている状態、つまり、OH^-が多い状態を**塩基性**といいます[*11,12]。H^+とOH^-は反応して水になりますので、両方が多い状態というのはありません。どちらが多いかということになります。

さて、H^+が多いか少ないかを考えるためには、純粋な水においてどれだけH^+があるかを理解していなければなりません。25℃の純粋な水の中でのH^+の濃度は、約1×10^{-7} mol/Lであることが知られています。これは、

$$H_2O \rightleftarrows H^+ + OH^-$$ [*13]

の反応により、水がほんの少し解離しているからです。（このとき、同じ濃度のOH^-があることも、この式は意味しています。）という訳で、H^+が1×10^{-7} mol/Lより多ければ酸性です。

逆に、OH^-が1×10^{-7} mol/Lより多くなっていれば、塩基性となります。

*11　酸性と塩基性のことを「液性」ということもあるようですが、化学の専門家はあまり使わない言葉で、そのような言い方を知らない人も多いようです。

*12　塩基性の原因がアルカリ金属元素やアルカリ土類金属元素の水酸化物であるとき、アルカリ性ということもあります。

*13　$\rightleftarrows$の矢印は、反応がどちらの方向へも進むことを示しています。5.4節で学んだ平衡です。11.5節にも平衡の別の例が出てきます。

10.8　pH

水中の水素イオン濃度は、非常に大きく変化します。例えば、1×10^{-14}から1×10^{0}まで変化します。1を基準にいうなら、1×10^{14}までですから、1億の1万倍まで変化するということです。とにかく、非常に大きく変化することは分かると思います。このように大きく変化する数字を扱うとき、**log**[*14]という数学が使われます。ここで、**pH**[*15]というものを、次の式のように定義します。$[H^+]$は、H^+の濃度を意味しています。つまり、[　]をつけると、中に書かれている物質の濃度を意味します。濃度の単位は、mol/Lです。

$$pH = -\log_{10}[H^+]$$

*14　logは「ログ」と読みます。詳しく知りたい人は、「対数」という言葉で調べてください。

*15　ピー・エイチまたはペー・ハーと読みます。

とすると、[H$^+$] が 1×10^{-14} のとき pH = 14 で、1×10^0 のとき、pH = 0 となります*16。つまり、1×10^{-14} ～ 1×10^0 という数字が、0～14 という簡単な数字に変わったのです。log は、大きく変化する数字を、直感的に理解しやすい数字に変換してくれる効果があるんですね。

pH でいうならば、pH 7 は中性、7 より小さければ酸性、7 より大きければ塩基性となります。

*16　pH（および log）については、ワンポイント・レッスン 7（p. 117）で学びましょう。

発展学習

10.1　酸が水中に存在すると、H$^+$ が放出されるので、「水中に H$^+$ がたくさんある状態」が作り出されることを学びました。水の状態（H$^+$ の濃度など）は、水中に生きる生物にとっては生きる環境そのもので、とても重要なものであることが知られています。→ポイント解説あり（p. 107）

10.2　使用済みの 0.1 mol/L の塩酸（HCl）が 10 L あります。このような低い pH の廃液（はいえき）をこのまま流しに捨てることはできません。そこで、この廃液を中和して捨てたいと思います。水酸化ナトリウム（NaOH）を少しずつ入れて、少しずつ中和するとしたら、NaOH は何 g 必要ですか？　このとき、NaOH を少しずつ入れていくのはなぜですか？（同様に、別に NaOH 水溶液を作っておいて一度に混ぜてはいけないのはなぜですか？）
→ポイント解説あり（p. 107）

10.3　塩（えん）が水に溶けて示す酸性・塩基性について考えましょう。強酸と強塩基からできた塩ならば中性、強酸と弱塩基からできた塩ならば酸性、弱酸と強塩基からできた塩ならば塩基性になるのですが、化学の初心者には強酸、弱酸、強塩基、弱塩基の知識が確かでないと思います。少しずつ慣れるとよいでしょう。

10.4　ブレンステッド・ローリーの定義
ブレンステッド・ローリー（2 人の人の名をつなげてある）の定義では、ある物質が別の物質に H$^+$ を与えるとき、その物質は酸として働いたといいます。逆に、H$^+$ を受け取るとき、その物質は塩基として働いたといいます。ある物質が酸として働くか、その逆の塩基として働くかは、両方の物質の性質によって決まります。
酸で例を示すならば、次のようになります。

$$HCl + H_2O \longrightarrow H_3O^+ + Cl^-$$

塩化水素ガスが水に溶けた水溶液は塩酸と呼ばれますが、HCl から H_2O へ H$^+$ が与えられる反応が起こります。HCl が酸として働き、H_2O が塩基として働いたことになります。

10.5　10.6 節で、強酸である HCl と強塩基である NaOH を反応させると NaCl のような塩ができることを学びました。この反応を逆向きに進行させれば、海でたくさんとれる NaCl から、薬品として重要な HCl や NaOH を作れることになります。

第 11 章　化学反応が示す特徴

反応というのは、ある物質が別の物質に変わることであると学びました。この反応は、さまざまな現象を伴います。私たちは、それらの現象をしばしば便利に利用しています。また、化学反応には、独特の特徴があります。この章で確認しておきましょう。

11.1　反応と共に起こる三態間の変化 －気体・液体・固体の生成－

反応と共に起こる現象のうち、最も基本的なものとして覚えておきたいのは、**三態**（固体・液体・気体）の間の変化と、それに深く関係した体積変化です。これらのうちの重要なものとして、気体が生成する反応、液体が生成する反応、固体が生成する反応を学びましょう。

まず、気体ができる反応です。ガソリンが燃える反応ならば、液体（ガソリン）と気体（酸素）が反応して気体（二酸化炭素と水蒸気）のみが生成します[*1]。ろうそくが燃える反応ならば、固体と気体が反応して気体のみが生成します[*2]。気体は液体や固体と比べて体積が大きくなりますので、これらの反応では大きな体積変化（増大）を伴うことになります[*3]。このような反応をさらに工夫して、急激な体積の増大が起こるようにすれば、爆薬（ダイナマイト）や、ロケットやジェット機の推進剤としての利用が考えられます。

上記のような燃焼の場合以外にも、気体が発生する反応は知られています。水素発生ならば金属が溶ける反応、酸素発生ならば過酸化水素（かさんかすいそ）の分解、二酸化炭素発生ならば石灰石（せっかいせき）（$CaCO_3$）を強く熱することによる分解などがあります[*4]。

$$Fe + H_2SO_4 \longrightarrow FeSO_4\,(\text{溶ける}) + H_2\uparrow$$ [*5]

$$2H_2O_2 \longrightarrow 2H_2O + O_2\uparrow$$

$$CaCO_3 \longrightarrow CaO + CO_2\uparrow$$

液体ができる反応としては、何といっても有機化合物が燃える反応が重要でしょう。二酸化炭素と水（水蒸気）は燃焼時にどちらも気体として発生するわけですが、水の方は冷えるとすぐに液体の水になります。家の中でガスコンロなどを使うと、水蒸気が出て湿度が上がり、冬などには、分かりやすく窓ガラスに水滴がつきます。

$$CH_4 + 2O_2 \longrightarrow CO_2 + 2H_2O$$

水素の燃焼では、二酸化炭素は生じず、水だけが生じます。

$$H_2 + (1/2)\,O_2 \longrightarrow H_2O$$

固体が生成する反応では、沈殿（ちんでん）ができる反応というのがしばしば注目

*1　液体は、多くの場合、燃える前に気体になり、気体となってから燃えます。

*2　固体は、多くの場合、燃える前に液体になり、続いて気体となって燃えます。

*3　体積変化には、三態間の変化（気体は大きい）、分子数変化（特に気体の場合）、温度変化（膨張）が関係します。

*4　$CaCO_3$ は貝殻の主成分です。

*5　↑は、気体の発生を表すときに使われます。

窓ガラスについた水滴

されます。例えば、NaCl が Na^+ と Cl^- となって水に溶けます。$AgNO_3$ は、同じように、Ag^+ と NO_3^- となって水に溶けます。ところが、これらを混ぜて反応させると Ag^+ と Cl^- がくっつき、これが水に溶けないで下に沈みます。溶液の中に固体が沈んでいるとき、これを**沈殿**（ちんでん）といいます。塩化物イオンの検出方法として知られています*6。

$$NaCl + AgNO_3 \longrightarrow NaNO_3 + AgCl\downarrow$$ *7

*6　銀が析出（せきしゅつ）する銀鏡反応（ぎんきょうはんのう）というのも調べてみてはどうでしょう。

*7　↓は、沈殿の生成を表すときに使われます。

11.2　反応と共に起こる三態間の変化 －溶解－

溶解（ようかい）というと、固体や気体の液体への溶解が重要ですね*8。液体として最も重要な水の場合に見られる例をみてみましょう。

*8　液体の液体への溶解や、固体の固体への溶解もありますが、化学の初心者が学ぶ内容ではありません。

固体の液体への溶解から学びましょう。まず、食塩の主成分である塩化ナトリウムで考えましょう。塩化ナトリウムの粒は、ナトリウム陽イオンと塩化物イオンが集まってできたものであることは4.1節で学びました。これが水に溶けると、ナトリウム陽イオンは塩化物イオンと離れてしまいます。Na^+ が水に取り囲まれ、Cl^- も水に取り囲まれます。NaCl と書けていたものが、Na^+ と Cl^- に分かれますので、これは反応と呼ぶのがふさわしいといえるでしょう。この現象は**電離**（でんり）と呼ばれます*9。

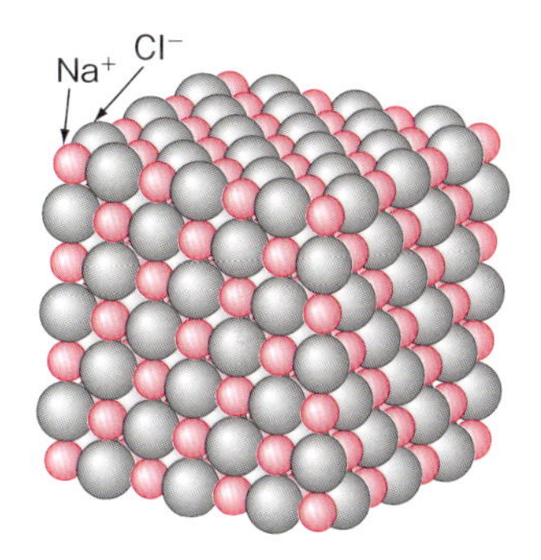

塩化ナトリウムの結晶のイメージ

*9　水などに溶けて電離する物質は**電解質**、電離しない物質は**非電解質**といいます。8.7節で一度、学びました。

次に、砂糖の主成分であるスクロースで考えましょう。砂糖はスクロースという有機化合物の分子が集まった固体です。これが水に溶けると、スクロースの分子はばらばらになり、1個1個がそれぞれ水の分子に取り囲まれます。しかし、スクロースはスクロースのままであり、変化はありません。反応せずに溶けるということです。

気体の液体への溶解においても、反応する場合と反応しない場合があります。まず、CO_2 や NH_3 ですが、これらは次の式のような反応をして、水に溶け込みます。

$$NH_3 + H_2O \longrightarrow NH_4^+ + OH^-$$

$$CO_2 + H_2O \longrightarrow H_2CO_3$$ （この反応は実はもっと複雑）*10

N_2 や O_2 は反応せずにそのまま水に溶け込むことが知られています。

*10　H_2CO_3 は炭酸と呼ばれる物質です。電離して、酸の性質を示します。

11.3　発熱反応と吸熱反応 －熱の出入り－

反応と共に起こる現象として次に重要なのは、なんといっても熱の出入りでしょう。燃焼反応はもちろんのこと、中和反応*11や溶解でも発熱することが知られています。

*11　10.6節で学びました。

$$C_3H_8 + 5O_2 \longrightarrow 3CO_2 + 4H_2O$$ （燃焼）

$$HCl + NaOH \longrightarrow NaCl + H_2O$$ （中和）

$$NaOH + H_2O \longrightarrow NaOH(aq.)$$ （溶解）

私たちは燃焼反応を行い、そこで発生する熱をさまざまに利用してい

第3編　反応が関わる現象

ます。ガスを燃やして暖をとったり、調理に利用しています。携帯用カイロにも**発熱反応**（はつねつはんのう）が利用されています。17.3 節で学ぶように、発電にも使っています。

一方、**吸熱反応**（きゅうねつはんのう）というものも存在するのですが、身近なものはありません。水の蒸発（下の式参照）を吸熱反応の例にあげる場合もあるようですが、水の分子自体に変化はないともいえるので、吸熱反応に含めない考え方もあるようです。

$$H_2O\,(液体) \longrightarrow H_2O\,(気体)$$

反応と共に起こる現象としては、ここまで学んだ以外にも、「光る」「色が変わる」などとてもおもしろい現象がありますが、本書では扱いません。化学を充分に学んでからの楽しみにとっておきましょう。

11.4　反応の速さと温度の影響

ここからは、化学反応の特徴をいくつか学びましょう。

反応には、「速さ」という考えが適用できます。1 秒間に 10 個の分子が反応するのか、100 個の分子が反応するのか、といったイメージです。そして、この反応の速さは濃度と温度の影響を大きく受けます[*12]。

＊12　多くの反応には、反応の進行を助ける物質があることが知られています。反応速度を速めるということです。それらは**触媒**（しょくばい）と呼ばれます。反応の前後で、触媒には何の変化もありません。20.1 節では、生体内で触媒の役割をする酵素について学びます。

溶媒に溶けている物質 A と物質 B が反応することを考えましょう。この反応は、A と B が出会って初めて起こります。つまり、A や B がたくさんあるとき（濃度が高いとき）には、次々とぶつかって反応して、例えば C と D ができてきます。

$$A + B \longrightarrow C + D$$

C と D ができて、A と B が減ってくると、A と B がぶつかる機会が減ってくるので、反応は徐々に遅くなります。次の図のようなイメージになります。

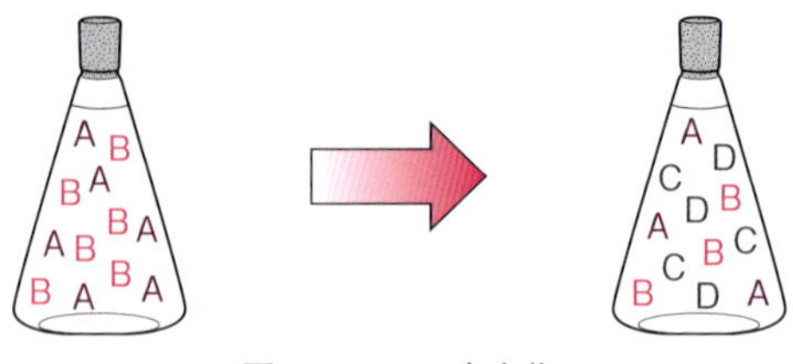

図　フラスコ内変化

次に、この反応の速さと温度との関係を学びましょう。通常、温度が高いと反応の速さが速くなります。まきが燃える反応を例に考えましょう。温度が高く燃えるとき、木を構成する分子が空気中の酸素と結びつく反応をします。しかし、まき割りをしたまきを屋外に積んでおいても（周りに酸素を含む空気があるけれども）、燃えることはありません。これを、「燃える・燃えない」ととらえるのではなく、「温度が高ければどんどん酸素と結びつく反応が進む」「温度が低いので非常にゆっくりとしか反応が進まず、見かけ上変化が認められない」ととらえます。

11.5 反応の平衡

5.4 節で**平衡**という言葉を学びました。反応についても、平衡という現象が見られます[*13]。A と B から C と D になる反応と、C と D から A と B になる反応が同じ速さで起こっている場合、見かけ上、A、B、C、D の量はどれも変わりません。

$$A + B \rightleftharpoons C + D$$

酢酸の解離を例としてみましょう。

$$CH_3COOH + H_2O \rightleftharpoons CH_3COO^- + H_3O^+$$

右向きの反応は、酢酸分子が水分子と出会って、これに H^+ を渡す反応です。左向きの反応は、CH_3COO^- が H_3O^+ と出会って、H_3O^+ から H^+ をもらい受け、酢酸 CH_3COOH に戻る反応です。この二つの反応が同じ速さで起こっているとき、反応はつりあっており、平衡状態にあるといいます。

仮に、A、B、C が液体で D が気体である場合を考えましょう。このとき、D はこの混ざった液体の外へ逃げていくでしょう。化学の言い方なら、反応系(はんのうけい)の外へ逃げていきます。D が少なくなれば、C＋D の反応は遅くなるわけですから、A＋B の反応の方が優勢となり、さらに反応が右方向へ進むことになります。

*13　11.4 節の側注で学んだ「触媒」は、反応の速さに影響しますが、平衡が式の左辺・右辺のどちらにどれぐらい片寄っているかには影響しません。

11.6 私たちにとって重要な反応

反応に重要とか重要でないとかの区別はないのですが、私たちがしばしば出会う反応、よく目にする反応は、重要な反応といってよいですよね。

私たちは、酸素が大変豊富な星で生活しています。酸素と結びつきうる物質は、どんどん酸素と結びつきます（酸化されます）[*14]。

酸素が関わる反応

$H_2 + (1/2)\,O_2 \longrightarrow H_2O$　（水素ガスの燃焼）

$C_3H_8 + 5\,O_2 \longrightarrow 3\,CO_2 + 4\,H_2O$　（プロパンガスの燃焼）

$CO + (1/2)\,O_2 \longrightarrow CO_2$　（一酸化炭素の燃焼）

$2\,Cu + O_2 \longrightarrow 2\,CuO$　（銅の酸化）

また、私たちは、水が豊富な星で生活しています。水は水蒸気として空気に含まれているので、水と反応する物質は、空気中の水と反応します。そのような物質は大気中で安定に存在できないことになります。

*14　洞窟の中など、閉じられた空間の中で空気中の酸素が反応して消費されると、空気から酸素がなくなってしまいます。

水が関わる反応

$$CaO + H_2O \longrightarrow Ca(OH)_2$$

酸素が発生する反応も興味深いですね。地球以外の星へ行って、大気に酸素がなくても、酸素を含む化合物（岩石など）があれば、そこで酸素を作れる可能性があるからです。酸素は、宇宙の中でめずらしい元素ではありません。

二酸化炭素を発生する反応は、現在、大気中の二酸化炭素濃度が急上昇していることを考えると、とても気になるところです。反応が逆向きに進んで二酸化炭素を吸収することはないのかな？　などと考えると、とてもおもしろいですね。

現代の私たちは、金属を大変便利に使っています。金属が金属でなくなってしまう反応、さびる反応や溶ける反応は重要でしょう[*15]。

亜鉛（Zn）と塩酸の反応は次のようになります。銅は塩酸とは反応しませんが、硝酸とは反応します（反応は複雑なので省略します）。

$$Zn + 2HCl \longrightarrow ZnCl_2\text{（溶ける）} + H_2\uparrow$$

有機化合物を作る目的で行われる反応は、有機合成反応と呼ばれます。大変重要な分野ですが、高度な内容となりますので、本書では原則として扱いません[*16]。

＊15　鉄がさびる反応は重要ですが、非常に複雑な反応のようです。

＊16　私たちのからだの中でも、たくさんの化学反応が起こっています。第20章で学びます。

発展学習

11.1　宇宙ステーションで水が不足しています。メタンガスと酸素はタンクに充分にあるので、メタンガスを燃やして水を作ることにしました。10 L の水を作るには、何 g のメタンガスを燃やせばよいでしょう。→ ポイント解説あり（p. 107）

11.2　発熱反応（燃焼反応等）が物を温めるために利用できるならば、吸熱反応は物を冷やすために利用できるはずですね。あなたなら、どんな目的に使いますか？

11.3　二酸化炭素を石灰水に通すと、無色透明であった溶液が白濁します。以下の反応です。

$$Ca(OH)_2 + CO_2 \rightleftarrows CaCO_3 + H_2O$$

空気中から二酸化炭素を除くために使えそうな反応ですね。二酸化炭素はさまざまな場面で問題となる気体ですので、覚えておきたい反応です。

11.4　鉄はよく使われる金属ですので、その作り方（反応）は重要です。15.2 節で簡単に学びます。

11.5　近年、金を回収する反応も注目されています。廃棄されるパソコン、携帯電話、ゲーム機など、精密工業製品の中に含まれる金を回収するのです。都市にある金の鉱山と考えて、都市鉱山という言葉が使われます。

11.6　食品加工においてもさまざまな化学反応が利用されています。マーガリン作りでは、不飽和脂肪酸を飽和脂肪酸に変える話がでてきます。19.4 節を学んだ後、調べてみましょう。

11.7　発熱するような反応の場合、A の溶液と B の溶液を一度に混ぜると、最初、たくさん発熱し、だんだん発熱が少なくなるという変化が予想されます。→ ポイント解説あり（p. 107）

第2部　身の回りの化学物質

第4編　化学物質が活躍する －有機編－

第4編と第5編では、物質の活躍を学びます。さまざまな物質がさまざまなところで使われ、私たちの生活を支えていることを充分に学びましょう。

第4編は有機編です。有機物は、炭素と水素を基本として含んでいますので、有機化合物という表現がより自然です。有機化合物は、炭素、水素、酸素、窒素といった非常に限られた種類の元素でできあがっていますが、結合のつながり方により、何百万ともいわれる化合物の種類があります。第12章で、これらの結合のつながり方の基本を学び、第13章で、それらの化合物の活躍を学びます。

第12章　有機物（有機化合物）の世界

地球上の生命体は、みな有機化合物を中心とした物質でできていますから、有機化合物は身の回りにあふれています。私たちは昔から、木で家を建てたり、わらでわらじを編んだり、植物繊維を使って紙を作ったり、これら有機化合物をさまざまに利用してきました。ですから、生命体や、生命体の一部からできているものを理解するためには、有機化合物の理解が欠かせません。また、石油から作られるさまざまな物を理解するためにも有機化合物の知識が必要です。

この章では、有機化合物の基礎を学びます*1。次の第13章の理解にも役立ちますが、第7編で学ぶ「生命」の理解に欠かせない部分となります。

*1　有機物（有機化合物）について学ぶ学問は「**有機化学**」と呼ばれます。

12.1　有機化合物の基本構成

有機化合物は、4.2節で学んだように**共有結合**でできています。有機化合物に含まれている主な元素は、炭素、水素、酸素、窒素、ハロゲン元素（塩素、臭素など）で、各元素の原子が形成することのできる共有結合の数は、炭素が4、水素が1、酸素が2、窒素が3です。「炭素は4本の手を出します」などとしばしば表現されます*2。手の数だけを守り、これらの元素の原子を結びつけていくと、有機化合物を無数に作ることができます。しかし、そのようにしてデザインされた有機化合物のうち、この地球上で安定な分子となると限られてきます（限られても無数にありますが…）。それらの分子の構造を見ると、有機化合物に出てくる結合パターンも限られていることが分かります。有機化合物の世界を理解する作業は、これらの「典型的な結合パターン」を覚えることから始まります。

*2　元素の手の数は、例外を除き、次のようになります。
14族の炭素は4
15族の窒素は3
16族の酸素は2
17族のフッ素は1
です。つまり、周期表上で炭素から右へ、4, 3, 2, 1となっているということです。炭素の下にいるケイ素は、もちろん4になります。

12.2　有機化合物における結合パターンの基本

有機化合物の骨格は、炭素のつながりを基本としています[*3]。炭素の手は 4 本ありますので、**単結合**、**二重結合**、まれに**三重結合**で骨格が作られていきます[*4]。（炭素が直線状につながった分子では、炭素が 1 個のメタンから 4 個のブタンまでは、常温常圧で気体です。炭素が 5 個のペンタンから液体になり、18 個（融点 28℃）から固体になります。）

メタン　エタン　プロパン　エチレン　プロピレン　アセチレン

また、直線状につながるだけでなく、枝分かれしたり、輪を作ったりと、さまざまな形を作ります。

ペンタン（直鎖の化合物）　2-メチルブタン（枝分かれ化合物）　シクロヘキサン（環状化合物）

ベンゼン[*5]（芳香族）　トルエン（芳香族）　ナフタレン（芳香族）

12.3　酸素を含む結合パターン

酸素を含む有機化合物は、自然界にたくさんあります。六つのパターン（化合物グループ）を学びましょう。**アルコール**と**エーテル**、**アルデヒド**と**ケトン**、**カルボン酸**と**エステル**です。

酸素は結合の手を 2 本出します。酸素 -O- の片側に炭素骨格、反対側に水素 H を持つのがアルコールです。そして、-O- の両側に炭素骨格を持つのがエーテルです。このようにペアにして覚えることをお勧めします。アルコールは、結果として、**-OH（ヒドロキシ基）**を持つ、ととらえられます[*6,7,8]。

*3　化学の初心者の方は、「一つ一つを覚える」よりも「全体像をとらえる」ことを大切にしてください。

*4　C と H だけからできていて、単結合のみからなる化合物は、**飽和炭化水素**と呼ばれます。二重結合、三重結合を含む化合物は、**不飽和炭化水素**と呼ばれます。

*5　**ベンゼン**は特別に有名な分子です。なるべく覚えましょう。ベンゼン類の構造を含む分子は**芳香族**と呼ばれます。

*6　ヒドロキシ基の部分は、水と仲の良い分子構造です。

*7　「基」とは原子のグループ（集団）のことです。何かに置き換わっているイメージのときは、**置換基**という言葉も使われます。詳しくは、ワンポイント・レッスン 8（p. 118）で学びましょう。

*8　後に学びますが、生体の重要な構成要素である「糖」は、-OH をたくさん持つ化合物です。

メタノール
（アルコール）

エタノール[＊9]
（アルコール）

ジエチルエーテル
（エーテル）

テトラヒドロフラン
（エーテル）

-CO-（詳しくは側注を見てください）の片側に炭素骨格、反対側にHを持つのがアルデヒドです。-CO-の両側に炭素骨格を持つのがケトンです。これらもペアで覚えます。アルデヒドは、結果として、**-CHO**（**アルデヒド基**または**ホルミル基**）を持つととらえられます[＊10]。

アセトアルデヒド
（アルデヒド）

アセトン
（ケトン）

-COO-（詳しくは側注を見てください）の片側（左側）に炭素骨格、反対側（右側）にHを持つのがカルボン酸です。-COO-の両側に炭素骨格を持つのがエステルです。これらもペアで覚えます。両側に炭素骨格がある場合は、-COO-は**エステル結合**と呼ばれます。カルボン酸は、結果として、**-COOH**（**カルボキシ基**）を持つととらえられます[＊11,12]。

酢酸
（カルボン酸）

酢酸エチル
（エステル）

12.4　窒素を含む結合パターン

窒素を含む有機化合物も自然界に豊富に存在します。**アミン**と**アミド**という二つのパターン（化合物グループ）を覚えましょう。

窒素は結合の手を3本出します。3本の手のうち、1〜3本が一般的な炭素骨格と結合した化合物はアミンです。$-NH_2$ は**アミノ基**と呼ばれます[＊13]。

メチルアミン
（アミン）

ジメチルアミン
（アミン）

トリメチルアミン
（アミン）

＊9　エタノールはお酒の主成分で、濃いお酒や薄いお酒があるように、エタノールと水はどんな割合でもきれいに混ざり合います。

＊10

-CO-は、−C(=O)− を意味しています。

-CHOは、−C(=O)H を意味しています。

＊11

-COO-は、−C(=O)−O− を意味しています。

-COOHは、−C(=O)OH を意味しています。

＊12　カルボン酸については、それらが酸であり、NaOHのような典型的な塩基と反応して塩（RCOONa）を作ることも重要です。RCOONa（カルボン酸塩）は第13章で出てきます。Rは炭素骨格を表現しています。

$R-C(=O)-O^- \; Na^+$

＊13　アミノ基（$-NH_2$）は、しばしば**ニトロ基**（$-NO_2$）から作られます。

アセトアミド
（アミド）

N-メチルアセトアミド
（アミド）

アミドはカルボン酸の -OH がはずれて、$-NR_2$（R＝H または炭素骨格）がついた形をしています。アセトアミドは、酢酸から -OH がはずれて、アンモニア（NH_3）から H が 1 個とれた $-NH_2$ がくっついた形とみることができます。-CONH- という元素の並びが見えますが、この結合は**アミド結合**と呼ばれ、生命の化学の中でとびきり重要な元素の並びです。19.3 節で学びます*14。

＊14　-CONH- は -C(=O)-N(H)- を意味しています。

＊15　「高」の反対は「低」なので、本章の前半で学んだような分子は「低分子（ていぶんし）」ということになりますが、この言葉が使われるのは、高分子との対比を意識した文脈のときがほとんどです。

12.5　高分子とは

ここまで、さまざまな結合パターンを学びました。原子がどんどんつながっていくと、分子はいくらでも大きくなります。そのような大きな分子は**高分子（こうぶんし）**（**ポリマー**）と呼ばれます*15。私たちが、プラスチック、ゴム、ビニール、合成繊維などと呼んでいるものは、みな高分子の有機化合物です。身の回りにたくさんありますので、私たちの生活にたいへん役に立っているといえます。

通常、原子はめちゃくちゃにつながっているのではなく、規則性を持ってつながっています。(a) の高分子は (b) に示した単位が次々とつながったものと理解できます。

(a)　(b)

プロピレン

メチル基を $-CH_3$ と表現しています。

この高分子は、プロピレン（左の図を参照）という名の分子が反応してつながったものです。反応する前の分子は**モノマー**、反応後の高分子は**ポリマー**といいます。モノマーからポリマーを作る反応のことを**重合（じゅうごう）**といいます。プロピレンでは、二重結合のうち一方の結合が切れて、他の分子とつながることにより、重合が起こっています。

高分子では、分子間や分子内での相互作用が低分子の場合より複雑になり、その結果として、多くの場合に、揮発・溶解をしにくくなり、材料（フィルム、板、棒、その他）としての形を安定に保つことができるようになります*16,17。

次に (c) の高分子を見てみましょう*18。

(c)

＊16　低分子の有機化合物には、固体であるものもたくさんありますが、分子結晶であるため、構成粒子間の結びつきは強くありません。棒状であろうが板状であろうが、強い材料にはなりません。しかし、これが高分子になると激変します。

＊17　高分子は、生命の構成においても重要な役割を担っています。この章の学びは、第 7 編の生命の化学の学びのためにも欠かせないものですよ。

＊18　(c) は**ナイロン 6（ロク）**と呼ばれる有名なポリマーです。

この高分子では、-CONH- という構造が見てとれると思います。この原子の並びは、先ほど学んだアミド結合ですね。この高分子は、アミド結合によってつながっていっている高分子なので、**ポリアミド**と呼ばれる高分子のグループに属します。-（炭素骨格）-CONH-（炭素骨格）-CONH- という構造が見てとれるでしょう。

複数のモノマーからできている高分子もあります。下の高分子は、**ポリエチレンテレフタラート**（PET）と呼ばれるポリマーです。ペットボトルで有名なペット（PET）です[*19]。

＊19　エステル結合でつながった高分子で、**ポリエステル**と呼ばれます。

カルボキシ基を二つ持つテレフタル酸と、ヒドロキシ基を二つ持つエチレングリコールが反応し、水分子がはずれて重合した構造となっています。

生体中には、もっと多くのモノマーが重合（共重合）してできた高分子も存在します[*20]。

＊20　共重合でできた高分子は共重合体と呼びます。

12.6　主鎖と側鎖

今度は次のポリマーを見てください。高分子は左右方向に長いのですが、下向きに、やや大きめの構造（**置換基**）がついている形をしていますね。このような場合、左右方向の -C-C-C-C- の鎖を「**主鎖**」、置換基の方を「**側鎖**」といいます[*21]。

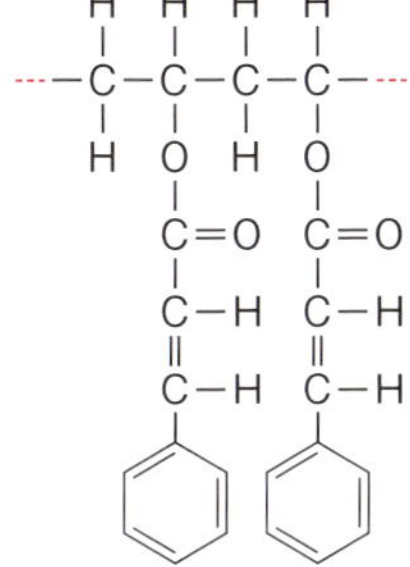

次は、高分子の主鎖が一本のまっすぐな鎖でない場合の例を見てみましょう。下の図は、枝分かれ状高分子と網目状高分子をイメージした図です。合成高分子の話ではあまり出てきませんが、生体高分子の理解には必要なことですので、ここで取り上げました[*22]。

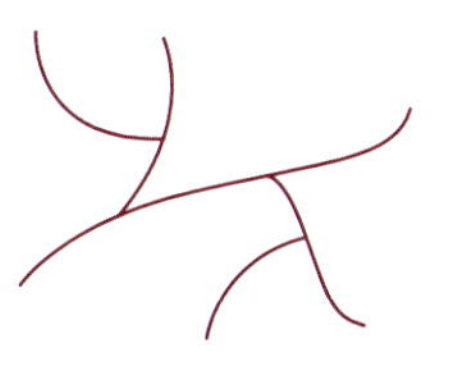

枝分かれ状高分子

網目状高分子

＊21　左の図では、ベンゼン環を と描かずに、 のように描きました。これは、H や C を明示しない描き方です。本書では、なるべく H、C を描いていますが、第 13 章以降では描かない表記が増えます。 と描くこともあります（p. 73 参照）。ワンポイント・レッスン 9（p. 120）で学んでください。本書以外の化学の本を読む力もアップします。

＊22　肝臓に蓄えられるグリコーゲンや、植物デンプンに含まれるアミロペクチンが枝分かれ高分子です。

12.7　分子内相互作用と分子間相互作用

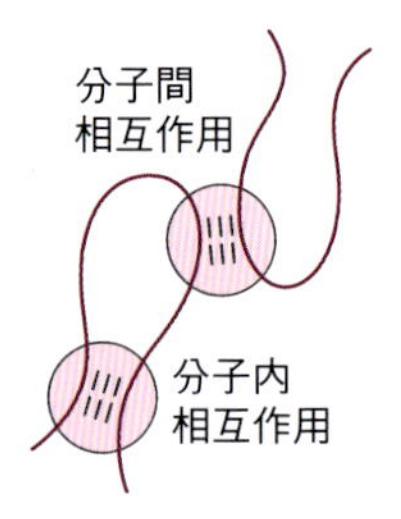

さて、高分子の基本は1本の鎖であるという話に戻りましょう。これは糸のようなイメージでとらえることができます。長い糸は、普通どうなりますか？　からまってしまいますね。長い糸のある部分と別の部分が軽くひっかかって、ということが、あちらこちらで起こって、そのようになるわけです。高分子の世界でも同じようなことが起こります。化学の言葉で表現すると、高分子のある一部と別の一部が分子内相互作用する（引っ張り合う）ということです。

生体高分子の場合、高分子内の相互作用や高分子間の相互作用といった話題がしばしば出てきます。第7編を見るとその重要性が分かります。

発展学習

12.1　周期表では、化学的性質の似た元素が縦に並んでいます。次の元素が有機化合物を作るとしたら、手を何本出すでしょうか？（ヒント：Sは元素の周期表において、どんな元素と同じ族にいますか？）

(1) Si　(2) P　(3) S

12.2　次の構造式の中にあるのは、アミド結合ですかエステル結合ですか？
→ポイント解説あり（p. 107）

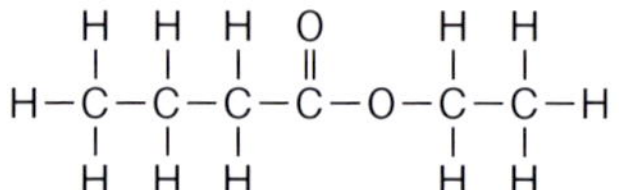

12.3　有機化合物の基本は、$-CH_2-$のようなつながりであると考えることができます。このような構造のみからなる有機化合物は、水に溶けません。下に示したのは、水と、水に溶ける二種類の有機化合物の構造式です。どのような構造上の共通点がありますか？ →ポイント解説あり（p. 107）

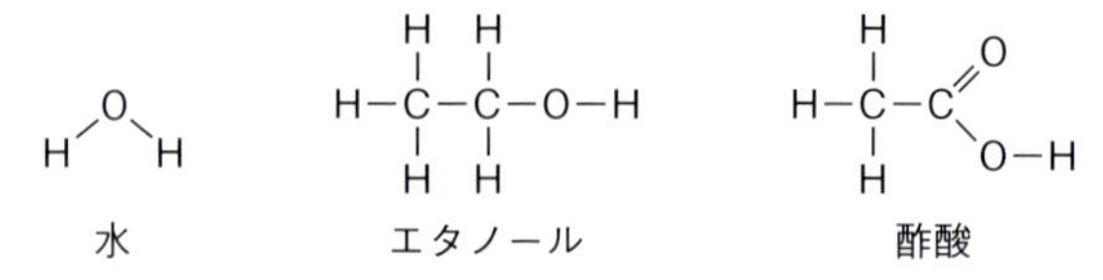

12.4　ナイロン66（ロクロク）についてインターネットで調べてみましょう。(1) モノマーは何種類ですか？ (2) 炭素骨格をつなぐ結合は、何という結合ですか？

12.5　$-(CH_2)-$が1000個つながって、両はじにHがついたとすると、分子量はいくつでしょう。このような高分子を作るとき、すべての分子がきっちり1000個つながっている状況は考えにくいので、平均で1000個つながっているというような状況になります。ですから、高分子の世界では、**分子量**という言葉の代わりに、**平均分子量**という言葉がよく使われます。

12.6　私たちは、くらしを豊かにするためにさまざまな有機化合物を合成して利用しています。石油を原料として作ることが多いようですが、別の原料からの合成も可能です。どのような原料が考えられるでしょうか？
→ポイント解説あり（p. 107）

第13章 有機物の活躍

さあ、有機物（炭素と水素を基本的に含んでいますので、有機化合物と表現する方が普通です。以下、有機化合物といいます）の活躍を学ぶ準備ができました。有機化合物の活躍を「個々の分子として働く」、「高分子が材料（形を持つ物）として働く」という二つの働き方に分けて見ていきましょう。自然の生命の中での有機化合物の働きは、後の第7編（生命の化学）で学びます。ここでは、人工的利用を中心にその活躍を学びます。ぜひ「有機化合物ってすごいっ！」と感じてください。

13.1 低分子の働き

有機化合物はありとあらゆるところで活躍していますが、まずは、燃えますので「燃料」としての活躍を見てみましょう。下の図を見てください。

メタン　　プロパン　　2,2,4-トリメチルペンタン（ガソリンに含まれる分子の例）

メタンは都市ガスの主成分、プロパンはボンベで家庭へ供給されるガスの主成分、2,2,4-トリメチルペンタンは、ガソリンに含まれる典型的な成分です[*1]。いずれもCとHのみからなる飽和炭化水素だと見抜けましたか？　燃えた後は二酸化炭素と水になるのでしたね。NやSが入っている化合物の場合、それらも燃えますが、燃えると、NやSが酸素（O）と結びついたNO_x（NO_2などのこと）やSO_x（SO_2などのこと）が生じます。これらは大気汚染の原因となってしまいますので、入っていない方がよいのです。また、Oも入っていない方が一般的です。アルコールで走る自動車はありますが、Oの部分は燃えないと理解されますので、重さに対して発熱量が小さい燃料となってしまいます。

次は香りについて考えてみましょう[*2,3]。食品などから低分子である有機化合物が揮発し、気体となった（気体とならないものは匂わない）分子が鼻の中に入って検知され、脳に刺激が送られて、においとして感知されます。香り成分の構造を見てみましょう。例として、酢酸イソアミル（酢酸イソペンチル）を右に示しました。バナナあるいはメロン様の果実臭のする液体として知られ、バナナエッセンスの成分として用い

＊1　プロパンより1つ炭素の鎖が長いブタンは、ライターやカセットコンロに使われます。

カセットコンロ（写真：キャプテンスタッグ株式会社）

＊2　合成香料は、食品用フレーバーと香粧品用フレグランスに大別されます。
＊3　無機物（金属）や無機物（金属以外）はあまり匂わないはず。ただし、金属を激しく削ると、非常にいやなにおいがすることがあります。

酢酸イソアミル
（酢酸イソペンチル）

られます。日本酒の芳香成分として含まれることも知られています。気体になるといっても、沸点は142℃と高めですし、分子量も大きいですね。この化合物はエステルの構造を持っています。エステルの構造はさまざまな香り成分の中に見られます。

味についても考えてみましょう。食品から低分子である有機化合物などが溶け出し、舌の上で検知され、脳に刺激が送られて、味として感知されます。まったく水に溶けないような固体は、ほとんど味を示さず、ザラザラ感やもっちり感などの食感を示すことでしょう。うま味調味料としてのグルタミン酸ナトリウムを紹介しましょう（左図）*4。加工食品の包装では、「調味料（アミノ酸等）」と表記されることが多いようです。

グルタミン酸ナトリウム

*4　構造式の▼は特別な意味を持ちますが、化学の初心者は、通常の結合の線（|）と同じと考えてよいでしょう。

この化合物は、アミノ基を持つカルボン酸が基本となっており、カルボン酸の部分がナトリウム塩となった形をしています*5。うま味成分としてはグルタミン酸のままでもよいのですが、調味料として使いやすくするために、ナトリウム塩とされているそうです。

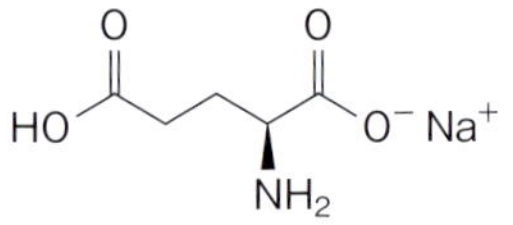

*5　カルボン酸塩は、12.3節の側注12で学びました。

次は色素についてです。食用色素から、赤色2号（アマランス）を紹介します（右図）。カキ氷などに使われるイチゴシロップの色として知られています。色素の分子構造に特徴的に見られる構造は、**共役二重結合**と呼ばれます*6。これは、単結合と二重結合が交互に現れる構造です。

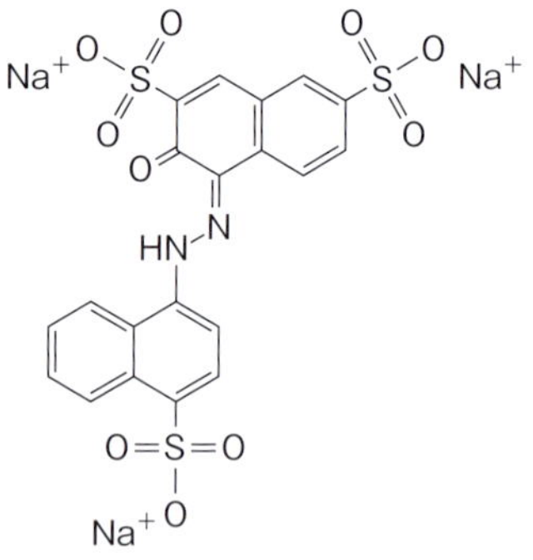

赤色2号（アマランス）

*6　ニンジンの色の元であるカロテンや、トマトの色の元であるリコピンの分子構造を見ると、共役二重結合がよく分かります。インターネットで調べてみましょう。

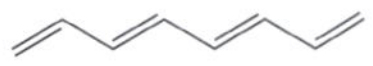

共役二重結合

薬は*7、さまざまな分子構造を持つものがありますので、典型的な例というのを示すことはできないのですが、鎮痛、抗炎症、解熱のためによく使われているロキソプロフェンナトリウムを紹介しておきます（左図）。ケトンの構造、ベンゼン（芳香族）の構造、カルボン酸のナトリウム塩の構造を見てとれるならば、分子を見る目が充分に養われているといえます。

*7　薬が効く理由は、「病気の原因を取り除く」「病気の症状をやわらげる」に分類できます。

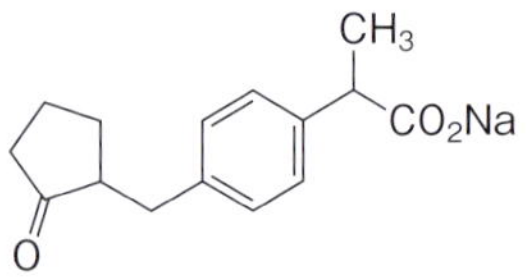

ロキソプロフェンナトリウム

13.2　軽量性を生かして使われているプラスチック

ここからは、高分子を形ある材料として使用する話になります。有機化合物の特徴は、なんといっても軽さです。材料としては、**プラスチック**と呼ばれることが多いですね。ただし、化学の言葉としては**合成樹脂**という言葉も使われます*8。自動車や飛行機の燃費をよくするために、プラスチック製の軽量の部品が使われます*9。日用品についても、軽くて助かっているものがたくさんあります。昔は、ジュースといえばガラ

*8　合成樹脂は、人為的に製造された高分子化合物からなる物質です。繊維状にされている場合には**合成繊維**という言葉が使われます。

*9　宇宙産業では、軽いということはもっとずっと大切です。

スビンに入っていましたが、ガラスは重いものです。今、ペットボトルで持ち歩いているようには、飲み物を気軽に持ち歩けなかったと思います。

13.3　柔軟性や延びる特性を生かして使われているもの

フィルムや繊維（布やひも）にすると、曲げたりすることが容易になります。食品用のラップは、ほとんどの家庭で使われているでしょう。服だって、有機物以外では、ちょっと作れませんよ。金属だと怪我をしそうですし、なにかで感電しそうで危ないですね。無機物（金属以外）だったら、まず、重そう、そして、ぶつけたら壊れそう。服は壊れてほしくないですね。あたりまえのものとして使っていますが、有機化合物以外では、なかなかむずかしいんですね。スーパーなどでもらう袋もプラスチックです。

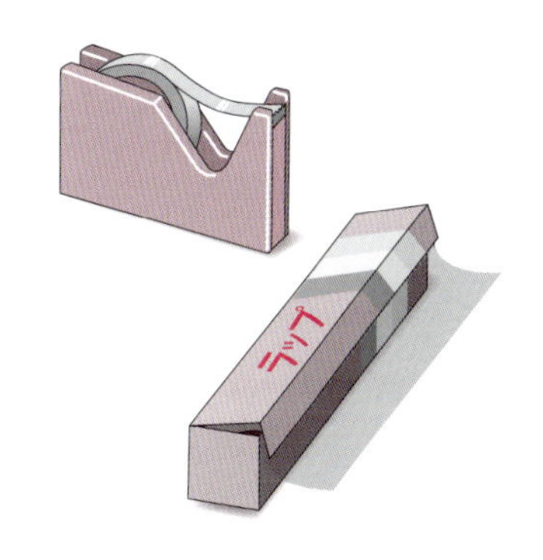

自然由来の繊維を利用する**紙**にも言及しておくべきでしょう。ほとんど延びることはありませんが、折り曲げたりすることができます。文明を支え育ててきた功労者です。

13.4　絶縁性を生かして使われているもの

電気を導かず、絶縁性を持っており、同時に柔軟な性質を持っているので、電線の被覆に利用されています。現代の生活に電気は欠かすことができませんから、これだけでも大変な貢献といえるでしょう。ただし、あまり耐候性（たいこうせい）は高くないものが多いので、屋外で長期間使うためには、注意が必要です[*10]。

また、少しむずかしくなりますが、コンピュータに欠かせないプリント基板（きばん）も、配線以外の部分は絶縁性を持つ樹脂でできています。

*10　耐候性とは、太陽光線、雨、風、気温など、自然界の気候に対して、どれぐらい強いかという言葉です。

13.5　透明性を生かして使われているもの

プラスチックがない時代、透明な材料といえば、使えるのはほぼガラスだけといった状況でした。割れやすいし重いし加工しにくいということで、不便でした。プラスチックが使えるようになると、割れにくく、圧倒的に軽いということで、革命的な材料でした。プラスチックレンズを使っためがねは軽いという話を聞いたことはありませんか？

私が今使っているボールペンも、本体がプラスチックなので軽く、そして中のインクの減りがよく見えます。

中身の見えるビニール袋なども、普段なにげなく使っていますが、とても便利なものですよね。

13.6　有機化合物の欠点とその回避

燃えることは利点であり、また欠点でもあります。燃やしてゴミを減らせることは利点ですが、家は火事になったら大変です。有機化合物のうち、ハロゲンの原子をたくさん導入した化合物は燃えにくいことが知られています。エアコンの冷媒やドライクリーニングに使われてきましたが、オゾン層破壊（21.3 節参照）との関係が問題視されています*11。

*11　エアコンでは、**フロン**が使われていました。今は、代替フロンからノンフロンへと移行しつつあります。

一部の樹脂は、熱でやわらかくなる性質を持ちますが、これも利点であると同時に欠点でもあります。温めてやわらかくすることができるなら、そのときに成形を施すことができ、これは利点です。でも、耐熱性が必要な場所で使う材料としては、まったく役に立ちません。さらに高温になると、燃えてしまいますしね。

飽和炭化水素系の高分子であるポリプロピレンやポリエチレンは、自然界で分解されるのに時間がかかることが欠点であると指摘されています。ゴミとして捨てられたときに、自然と同化するには長い年月を要します。より短期間で自然に還（かえ）る高分子が工夫されつつあります（**発展学習 13.5**）。

発展学習

13.1　香り成分の化合物をインターネットで調べてみましょう。エステルの構造を持つ分子はいくつ見つかりましたか？

13.2　「分子量が増すと気体になりにくくなる」というのが基本ならば、香料の分子は、あまり大きな分子量のものは考えにくいということになります。上の 13.1 で調べた分子について、分子量を計算してみましょう。

13.3　砂糖は固体のとき白色をしていますが、水に溶かして溶液の状態になると無色透明になります。固体のときは、光を散乱（さんらん）して白く見えていたのですが、もともと色を示さない物質なので、光を散乱しなくなると、無色透明になってしまいます。グルタミン酸ナトリウムを主成分とする調味料も同様です。他に類似のものがないか、キッチンで探してみましょう。

13.4　海の汚染の話題で、「マイクロプラスチック」というものが問題になっています。→ **ポイント解説あり**（p. 108）

13.5　自然界において、比較的すみやかに分解される高分子が研究されています。**生（せい）分解性ポリマー**といいます。注目されている高分子の一つにポリ乳酸（にゅうさん）があります。どのような構造（炭素骨格をつなぐ結合は何という結合でしょう）で、どのような用途での利用が考えられているか調べてみましょう。→ **ポイント解説あり**（p. 108）

第 5 編　化学物質が活躍する －無機編－

有機物の特徴の一つは燃えやすいことでした。ならば、無機物の特徴の一つは燃えにくいことになるはずです。人は火を使うことによってサルの祖先と分かれて進化したといわれるように、火をさまざまに使っています。暖をとる、料理する、乗り物を動かす、発電するなどです。それらすべてを可能としているのは、燃えない物質である無機物であるともいえます。

第 14 章で無機化合物（金属以外）、第 15 章で無機化合物（金属）を学びます。

第 14 章　無機物（金属以外）の活躍

無機物（金属以外）は、ほとんどの場合、NaCl や Fe_2O_3 のように、金属元素（陽イオンとなりやすい元素）の陽イオンと、陰イオンとなりやすい元素の陰イオンからできています[*1,2]。

陽イオンと陰イオンはどちらも大切なのですが、化学の初心者は陽イオンに注目して学んでいくことをお勧めします。

陽イオンが示す典型的な三つの姿として、結晶の中の Na^+、溶媒に囲まれた Na^+（溶けた状態）、有機化合物の COO^- 部分と結びついた Na^+ を考えるとよいでしょう。塩化ナトリウムの結晶の中の Na^+、水に溶けた Na^+、酢酸ナトリウムを構成している Na^+ の図を示しました[*3]。

＊1　例外が 12.3 節の側注 12 に出てきます。

＊2　金属元素に分類される元素であっても、0 価の状態でなくイオンの状態になっていれば、無機物（金属以外）に分類されます。金属の代表として有名な鉄も、酸化鉄（さび）の状態では金属とは呼びません。

＊3　酢酸ナトリウムを分子全体としてみれば、有機物に分類されます。

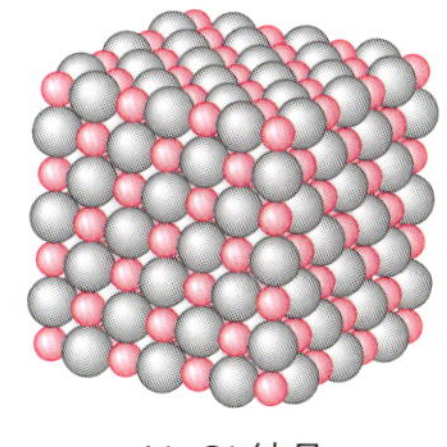

NaCl 結晶

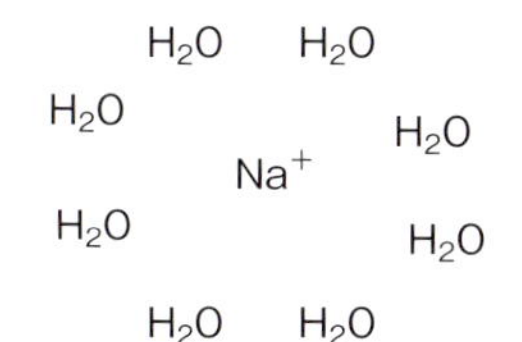

水中の Na^+

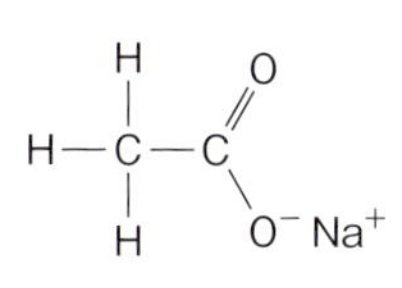

酢酸ナトリウム

無機物（金属以外）の活躍を、「溶けてイオンとして働く」と「材料（形を持つ物）として働く」という二つの働き方に分けてみていきましょう[*4]。第 13 章の有機物のところでは、一つ一つの分子が活躍する低分子の場合と、かたまりで材料として活躍する高分子の場合に分けて、それらの活躍を整理しました。ここでも似たような場合分けになります。無機物の結晶は、塩化ナトリウムのそれのように、容易に水に溶けて形を失ってしまうものばかりではありません。形を持つ無機物（金属以外）として、身の回りには、お皿、コーヒーカップなどがあります[*5,6]。

＊4　無機物（無機化合物）について学ぶ学問は「無機化学」と呼ばれます。

＊5　形のある材料に関しては、原料を高熱処理して作るものが多く、これらは、しばしば、窯業（ようぎょう）製品とか**セラミックス**と呼ばれます。「焼き物」ですね。昔からある陶磁器（とうじき）もここに含まれます。

＊6　セラミックスには、酸化物、窒化物、炭化物、ホウ化物、ケイ化物などがあります。

14.1　イオンの働きなどとしてとらえる

食塩の主成分である NaCl が水に溶けるとき、Na^+ と Cl^- となって溶けることをすでに学びました[*7]。カリウム、カルシウム、マグネシウムも、溶けているときは、K^+、Ca^{2+}、Mg^{2+} となっています。

*7　陽イオンだけでは電気的中性が保たれませんので、遠くないところに、陰イオンがいます。

イオンは容易には蒸発しませんので、有機化合物のように香りの成分になることはないといえるでしょう。NaCl も、純粋なものはまったく匂(にお)いがありません。でも、水や食品中の油に溶けたり混ざったりするものはありますから、味覚成分となるものはありますね。もちろん、一番有名なのは食塩です。すべての無機塩が水に溶けるわけではありませんけれども。

有機化合物といっしょになって働く例として、グルタミン酸ナトリウムをもう一度見てみましょう。これはカルボン酸のナトリウム塩でした。ナトリウムは 1 価の陽イオンですが、ここに 2 価の陽イオンであるマグネシウムがきたらどうなるでしょう。図にその様子を示しました。

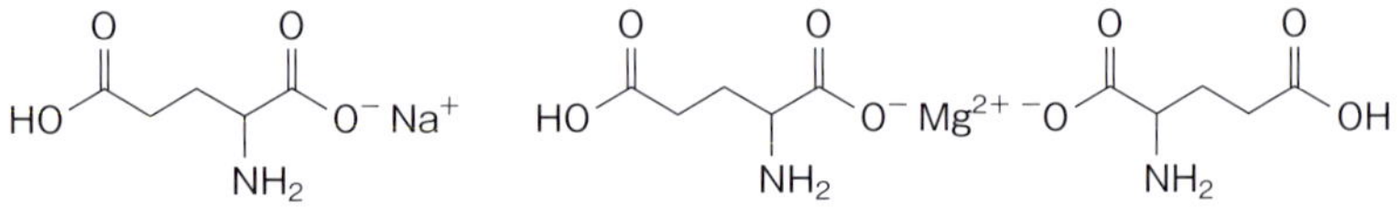

グルタミン酸ナトリウム　　グルタミン酸マグネシウム

マグネシウムイオンは、二つのカルボン酸部位をつなげるような役割を果たします。この原理を利用したのが豆腐作りです。海からとれる「にがり」と呼ばれるものを使いますが、その主成分は塩化マグネシウムです[*8]。2 価の陽イオンである Mg^{2+} が豆乳に溶けているタンパク質をつなぎ合わせ、固める役目を果たします。Mg^{2+} のみでなく、Ca^{2+} でも固まることが知られています。

*8　豆腐のパッケージを見ると、「凝固剤（にがり、塩化マグネシウム）」と記載されていることがあります。昔は塩田で塩を取りながら、これも取ったみたいです。

名　　称	充填絹ごし豆腐
原材料名	丸大豆（遺伝子組み換えでない）、粗製海水塩化マグネシウム（にがり）、〈添付たれ〉しょうゆ、果糖ぶどう糖液糖、砂糖、食塩、かつお節エキス、調味料（アミノ酸等）、アルコール、ビタミン B_1、（原材料の一部に大豆、小麦を含む）
内 容 量	120g×2個
賞味期限	表面に記載
保存方法	要冷蔵（5℃～10℃）
製 造 者	

豆腐の食品表示ラベルの例

血液の中には、電解質成分があります。体の各部へミネラルを供給したりしていて、体の各部でこれらが使われています。例えば、ナトリウムイオンやカリウムイオンは、神経細胞や筋肉細胞の働きに深く関わっているといわれます。「塩分が不足すると足がつる」と、山登りのときに教えてもらったことがあります。この他、マグネシウムイオン、カルシウムイオン、塩化物イオンなども、それぞれ重要な役割を持つそうです。

14.2　耐熱性を生かして使われているセラミックス

ここからは、形ある材料としての活躍を見ていきます。

第 15 章で鉄を代表とする金属の利用の話をしますが、この鉄を作るには、高温に耐える材料が必要です。鉄の融点は 1535℃なので、これを融かしていろいろ加工するには、この温度で安定な材料（入れ物、型、その他）が必要になります。セラミックスには、高温に耐える材料（耐熱材料）があることが、大変貴重な特徴としてあります[*9]。例えば、酸化アルミニウム（Al_2O_3、アルミナと呼ばれることが多い）の融点は2072℃、炭化ケイ素（SiC）の融点は2730℃で、鉄の融点よりも高くなっています。

耐火セメントや住宅建材としての石膏（せっこう）ボードなど[*10]、耐熱性や不燃性を生かした利用もよく知られています。

*9　昔から、レンガ造りの暖炉が使われていました。

*10　石膏は、$CaSO_4 \cdot 2H_2O$です。

14.3　耐候性を生かして使われているもの

無機物（金属以外）は、建築材料としてかなり幅広く活用されています。例えば、瓦（かわら）。粘土を焼き固めて作るのが一般的な瓦です。粘土鉱物の代表はカオリナイトで、この化合物は $Al_4Si_4O_{10}(OH)_8$ の化学組成を持っています。酸化物に近い化合物ですね。もともと酸素と結びついている化合物ならば、酸素の多い地球の環境でも安定だというのは納得できると思います。

古代遺跡などは、切り出した石材で作られていますね。もともと自然界で安定に存在していた岩を使っているのですから、非常に長い年月にわたり安定ということが理解できます。人工的に作ったものではないのでセラミックスとは呼べませんが、無機物（金属以外）に分類される大切なものです。

屋根瓦

石材で作られた建造物（ギリシャのアクロポリス）

14.4　透明性を生かして使われているもの

セラミックスの中には透明なものがあります。ガラスがその典型です。金属は金属光沢があり、光を反射するので、透明となる性質はありません。透けて見えるって、すごいことだと思いませんか？　中身が見えるビンなどの容器はもちろんのこと、メガネやカメラなどのレンズ、窓ガラス、鏡など、さまざまなところで役立っています[*11]。

ガラスの主成分は二酸化ケイ素（SiO_2）です。これに、Na_2O、K_2O、CaO、PbO、B_2O_3 などが混ぜられ、特性の異なるガラスが作られます[*12]。SiO_2 をはじめ、混ぜられる成分もみな酸化物です。自然界で安定そうだな？　と感じることができた人は、だいぶ化学の力がついていますよ。割れやすいという欠点がありますけどね。

*11　比較的低い温度で融けて加工しやすいガラス、耐熱性の高いガラス、可視光のみでなく紫外線もよく通すガラスなど、いろいろあります。

*12　多くのガラスは高い耐薬品性を持つので、多種多様な化学薬品の保存容器として使われます。

14.5　美しさを生かして使われているもの

美しさを持つ物の代表といえば宝石でしょう。宝石は石ですから、無機物（金属以外）に含まれるものになります。例えば、Al_2O_3 を主成分とする宝石として、クロムが含まれているルビー（赤色）、鉄・チタンが含まれているサファイア（青色）があります。

宝石と呼ばれるもの以外にも美しいとされる石がいろいろあり、建築材料などに使われます。大理石（石灰岩）や御影石（花崗岩）といった石が有名で、床材や壁材に使われる他、彫刻にも使われてきました。

ステンドグラスは、透明性に加えてさまざまな色を扱うことにより、美しさを生み出している例といえます。

14.6　絶縁性や半導体特性を生かして使われているもの*13

送電線や電車に電気を供給する架線など、屋外で高い電圧が使われる場所に、白い部品が見られます。これらは、ガイシ（碍子）と呼ばれるものです。高電圧の電線を支え、耐候性も求められる場所で活躍しています。長石質磁器製が一般的で、化学物質としては、アルカリ金属およびアルカリ土類金属などのアルミノケイ酸塩が主成分です。

太陽電池の中で最もよく使われているのは、シリコン太陽電池と呼ばれるもので、ケイ素（Si）でできています*14。ケイ素は自然界に二酸化ケイ素（SiO_2）として豊富にありますが、これを還元して Si として使います。酸化鉄（Fe_2O_3）を鉄（Fe）にして使うのと似ていますが、鉄とは異なり、ケイ素は金属（導体）としての性質を示さず、**半導体**としての性質を示します*15。半導体はとても重要な材料で、コンピュータの中で使われる電子回路も、その重要な部分に半導体を利用しています。

*13　物質を電気の流れやすさで分類すると、**導体**、**半導体**、**絶縁体**になります。

ガイシ（碍子）

*14　太陽電池については 18.5 節で学びます。

*15　周期表中のケイ素の位置も思い出しておきましょう。

14.7　セラミックスの欠点を長所に変える利用

セラミックスは作り方にもよりますが、多くの場合、たくさんの小さな孔を持ちます（次ページの図参照）。これらの孔は、透水性につながります。

透水性は欠点でもあり利点でもあります。焼物の器などでは、透水して水がこぼれないように、上薬を使う（彩色の目的を兼ねることも多い）場合が多くあります。汁物がもれてしまっては器になりませんからね。しかし、これが利点になる例もあげておきましょう。道路の舗装です。舗装を通して雨を地下へと導いて地下水とし、地盤沈下を防ぎます。道に降った雨が下水→川→海へとすぐに流れてしまうことを防ぎ、地味ですが、水害を防ぐことにも役立ちます*16。

焼物（尾形乾山作の茶碗）

*16　セラミックフィルターという利用方法も知られています。

14.8　セラミックスの製造

製造法の基本となるのは、原料の粉を焼き固める**焼結**です。高温で焼くことにより、粒子同士がくっついていきます。次ページ上の図を見ると分かるように、粒と粒の間にあった空間がなくなっていきます。全体から見ると、大きさが小さくなっていくことを意味しています。このよ

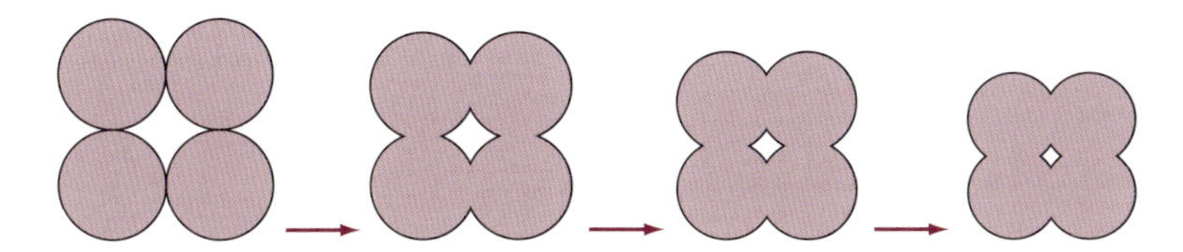

図　焼き物の焼きしまり

うな現象は「焼きしまり」といわれます。精密な寸法のものを再現性よく作ることはむずかしそうですね（もちろん、なんとかしようと工夫するわけですが…）。

このような方法で作られることもあって、セラミックスは細かい形を作ることが苦手です。自然の岩が彫刻の材料にも使われるのですから、削って形を与えることがまったくできないわけではありませんが、薄い板にしたり、細かい形を作りこんだりしても割れない金属と比べると、細かい形を与えるのはむずかしいという他ありません。

発展学習

14.1　パンやケーキを作るときに、重曹（じゅうそう）またはこれを含むベーキングパウダーというものが使われるのをご存知でしょうか。重曹は炭酸水素ナトリウム（$NaHCO_3$）のことで、これはガス発生剤です。分解すると、Na_2CO_3、CO_2、H_2O が生成します。つまり、二酸化炭素のガス（気体）を発生し、これがパンなどを膨らませるのを助ける役割をするのです。

14.2　「ミョウバン」も、食品分野などで幅広く使われる化合物です。典型的なのは硫酸カリウムアルミニウム・十二水和物（すいわぶつ）（$AlK(SO_4)_2 \cdot 12H_2O$）です。色落ち防止（ナスの漬物など）、煮崩れ防止（イモやクリなど）、あく抜き（ゴボウなど）に使われるようです。美容の分野でも利用されます。インターネットで調べてみましょう。

14.3　貝殻のほとんどの部分は炭酸カルシウムでできているそうです。大気中から海へ溶け込んだ二酸化炭素を固定する役割が指摘されています。

14.4　14.5 節でもふれましたが、大理石という石があります。どんなものか調べてみましょう。

14.5　骨や歯の主成分とされるヒドロキシアパタイトは、生体との親和性の高い材料としてさまざまに利用されています。人工骨に利用される他、歯磨き粉にも配合されたりしています。どのような化学式で表されるのか、インターネットで調べてみましょう。→ ポイント解説あり（p. 108）

14.6　人工ルビー、人工大理石、人工ダイヤなどの言葉があります。自然からとれるすばらしい物を、人の手で再現しようとしているわけですね。なかなか、自然でできたものには及ばないようですが。

14.7　鍾乳洞（しょうにゅうどう）にある鍾乳石は方解石（ほうかいせき）という名の石だそうですが、その成分は炭酸カルシウムだそうです。地中にはたくさんの炭酸カルシウムがありそうですね。これらが分解すると、たくさん二酸化炭素が出てきそうですが、そのようなことが起こることはあるのでしょうか？ → ポイント解説あり（p. 108）

第 15 章　無機物（金属）の活躍

金属のイメージを確認しておきましょう。その代表といえる鉄でイメージしてください。金属光沢があり、電気が流れる。けっこう硬いものもあるが、針金や薄い板は折り曲げることができ、その形が維持されます。ここでは、これぐらいにしておきますが、これらが金属の特徴であり、金属以外では原則として見られないものであることを理解しておきましょう[*1]。金属は、自然には、金などごく一部を除けば見出されないもので、人類が生み出した画期的な物質（材料）です。

このような金属は、0 価の状態の金属元素の原子が集まってできています（イオンの状態の元素は原則として含んでいません）[*2]。

金属は単一元素の原子の集まりとして純粋な状態で使用されることもありますが、他の元素の原子を混ぜ合わせた**合金**（ごうきん）の状態で使用されることが多くなっています。合金とすることで、金属の硬さを調節したり、さびにくくしたりすることができます。

＊1　**金属元素**、**非金属元素**という言葉があります。金属元素は、金属になりうる元素ととらえればよいでしょう。単体が金属である元素で、表紙裏（見返し）の周期表に示されています。

＊2　鉄（Fe）は金属元素ですが、さび（Fe_2O_3）となった状態や、水に溶けて例えば Fe^{3+} の状態になっているときは、金属の状態ではなく、イオンの状態（金属イオンの状態）ととらえます。金属元素が 0 価の状態にあり、金属結晶を作っているときのみ、金属ということができます。

15.1　金属を分類しよう

金属の分類はいろいろ考えられます。重い金属、軽い金属に分類することもあります[*3]。しかし、金属を利用するうえで最も重要なのは、地球の環境における「金属としての安定性」です。地球上の環境を考えると、酸素（空気中の酸素）と反応するか？　水（空気中の湿気、雨との接触、川や海での利用）と反応するか？　酸（酸性雨と呼ばれる雨もある）と反応するか？　と言い換えることができます。

＊3　**重**（じゅう）**金属**、**軽**（けい）**金属**という言葉があります（p. 102 の側注 12 参照）。

以上のことのほとんどは、3.6 節で学んだ**イオン化傾向**に沿って理解することができます。金属が金属の状態でなくなるということは、金属イオンになるということだからです。

$$Li > K > Ca > Na > Mg > Al > Zn > Fe > Ni > Sn > Pb > (H_2) > Cu > Hg > Ag > Pt > Au$$

湿気を含まない酸素との反応は一般的には問題にされることがないので、省略します。水との反応から考えることにしましょう。

水との反応性の観点から上の金属を分類すると、「Li ～ Na は水と激しく反応する」「Mg はおだやかに反応する」「Al より右はほどほどに安定」「Cu より右はかなり安定」と分類できます。

金は金属の状態が非常に安定で、自然界からも金属の状態（例えば砂金）として得られます。酸にも大変強く、王水（10.1 節参照）という特別な酸の溶液を使ってようやく溶かす（イオンの状態にする）ことができます。

15.2　金属の製造

金属の原料の鉱石を還元して金属を得ることを**製錬**（せいれん）といいます。

金属の製造においても、イオン化傾向が重要な意味を持ちます。ここでも、まず、鉄を例に考えましょう。地球は、酸素が豊富な星なので、自然界にある鉄の元素は、ほとんど酸素と結びついた状態（酸化物の状態）で存在しています。赤鉄鉱（主成分 Fe_2O_3）や磁鉄鉱（主成分 Fe_3O_4）などです。鉄を作るためには、酸素を取り去ると共に、鉄を 2+ や 3+ のイオンの状態から ±0 の状態にする必要があります。つまり、酸化鉄を還元する必要があります。鉄を作る際によく使用される**還元剤**[*4]は、**コークス**（石炭から作ったほぼ炭素（C）といえる固体）です。この C が不完全燃焼すると CO が生成し、これが鉄についた酸素を受け取り、鉄を生成するとともに、自らは CO_2 になります。

次は、アルミニウムについて考えましょう。鉄に続いて身の回りでよく使われている金属ですね。これはボーキサイト（主成分 $Al_2O_3 \cdot nH_2O$）から作ります。アルミニウムの原料も酸化物の状態ですね。そして、これを還元するわけですが、アルミニウムのイオン化傾向は鉄よりも強くなっています。つまり、イオンになりやすい金属なので、還元して金属にしにくい金属といえます。鉄の場合に使用されたコークスではうまくいかないので、電気の力を使います。Al^{3+} を Al の状態にしたいのですから、電子を 3 個くっつければよいのです。イオン化傾向が大きい Li ～ Al では、このように電気の力で金属が作られます[*5]。

*4　還元剤とは、還元反応を行うために使う物質のことです（9.5 節参照）。

*5　詳細は、化学の初心者にはむずかしすぎるので省きます。

15.3　電気伝導性や熱伝導性を生かして使われている金属

金属はみな、電気をよく導きます。家庭内で身の回りを見ても、電気はあらゆるところで使われていますので、それだけ金属が活躍していることが分かります。金属結晶の中に存在する「**自由電子**」と呼ばれる電子が電気を運びます。

金属の種類により、電気の通しやすさにある程度違いがあります[*6]。電気を通しやすい金属の代表は銅で、電気コードによく使われます。銀も電気を通しやすいのですが、高価なので特別な理由がなければ使われません。

熱が伝わる伝わり方の一部に電子の動きが関係しているので、上で電気抵抗が小さい（電気の良導体である）金属として紹介した銀や銅は、熱の良導体でもあります。パソコンの CPU では熱が発生します。この熱を外部へ逃がすため、金属を接触させて熱を取り除きます。放熱板と

*6　電気の通しやすさは「**電気伝導性**」、電気の通しにくさは「**電気抵抗**」といいます。金属は、「電気伝導性が高い」「電気抵抗が低い」と表現されます。

いう言葉を聞いたことのある人もいるでしょう。

●15.4　硬さや重さを生かして使われている金属

鉄を例にして、硬さについて考えてみましょう。包丁や釘などが思い浮かびますね。実は、純粋な鉄はかなりやわらかいそうで、硬さを出す場合には、炭素を含んだ鉄とするようです。「**鋼**」と呼ばれるもので、15.8節で学ぶ合金の一つです。

次に、重さを生かす例について考えてみましょう。これも鉄が代表でしょう。土台や重りとして使われます。釘を打つのに使うハンマーも、重さを利用しているものですね。重いだけなら石でもよさそうですが、石が砕けやすいのに対し、金属にはねばり強い性質を併せ持たせることができるので、簡単に割れたり砕けたりしません。重い金属としては鉛が有名ですが、身の回りではあまり使われなくなってきています。有害性が指摘されているからです。

逆に軽い金属がほしい場合には、アルミニウムおよびその合金が使われることが多いですね。軽い鍋ややかんのように、身の回りでも役に立っていますし、とくに航空宇宙分野では、軽いということは大変重要なことになります。金属というと鉄のイメージが強いので「金属 ＝ 重い」と考えられがちですが、金属であるにもかかわらず軽い！というのは大変な魅力だということです。

●15.5　美しさ（金属光沢）を生かして使われている金属

金属の装飾品

金属は**金属光沢**と呼ばれる輝きを示します。これによって美しく見えます。金・銀・白金などが、装飾品や美術品に使われることはよく知られています。細かい装飾を作り込むことが可能なので、さらに美しさを増すようにも思われます。

金箔も大変美しいことで有名ですね。これは、金を紙よりも薄い状態にしたものです。このような状態にできるのも金属の性質の一つ（**展性**）で、金はその性質が他の金属と比べても大変優れていることがよく知られています。

平らに加工され光をきれいに反射するようにしたものは、鏡として機能します。ガラス板などの平らな表面の上にアルミニウムを真空蒸着という方法によりくっつけると、簡単に鏡を作れることが知られています。

●15.6　金属の欠点とその克服

金属の欠点の第一は、金属の代表である鉄のことを思い浮かべればすぐ思い当たりますが、「錆びる」ことといえるでしょう。金属の利用は、この欠点の克服なくしてありえません。

鉄を、よりさびにくい金属で覆ってしまうのがメッキという考え方です。一番安定な金で覆ってしまうのは「金メッキ」と呼ばれますね。金は高価なので美術品などが多いのですが、中身が銅で外側が金という例が多くあります。鉄よりも少し安定な金属で覆う例としては、ブリキがあります。スズによりメッキされた鉄をブリキと呼ぶのです[*7]。

さび防止のための別の考え方としてトタンがあります。亜鉛によりメッキされたものをトタンと呼ぶのです[*8]。亜鉛は鉄よりもイオン化傾向が大きい金属です。金属の鉄と接していると、亜鉛の方が先に溶けて鉄を守るというメカニズムが働きます。

*7　昔、「ブリキのおもちゃ」がたくさん作られました。

*8　昔は、「トタン屋根」という言葉をときどき耳にしました。

15.7　金属の成形

金属はある程度の硬さを持つうえに、粘りがあるので簡単に割れたりはしません。うすい板なら折り曲げたりすることも可能で、また、たたいたりすることによっても形を作りだすことができます。これらはいずれも金属らしい性質といえます。

刀などの刃物を作るときに、たたいたり、延ばしたりして作ることは多くの人が知っています。金箔を作るときも、たたいて薄く広げていますね。

板金（ばんきん）の工場では、金属の板を強い力で折り曲げたりすることを行っています[*9]。プレス加工という言葉もあります。

融かした金属を型に流し込む、鋳物（いもの）という成形法もあります[*10]。一定の形を一度に作り上げる方法です。

*9　板金とは、うすい板状の金属のことです。

*10　「鋳型（いがた）」を使います。

15.8　合　金

純粋な金属ではなく合金にする理由は色々あります。

鉄は最も幅広く利用されている金属ですが、さびる性質を持つことはよく知られています。さびると、何よりも美しさが失われてしまいます。キッチンのシンクなど水と接触する場所では、ステンレスという合金が使われます[*11]。ステンレスは、鉄を主成分とし、クロム（Cr）を10.5%以上含むさびにくい金属で、多くの場合ニッケル（Ni）も含みます。

飲料の缶にはスチール缶というのがあります[*12]。スチールとは鋼のことで、炭素を含む鉄の合金の呼び名です。純粋な鉄はやわらかく、適度に炭素を含むと硬く強い金属になります。

軽くて強い金属は、飛行機の開発と共にさまざまに捜し求められました。アルミニウムを主成分とする合金であるジュラルミンが有名です。アルミニウムはとても軽いのですが、そのままでは強度などが足りませ

*11　SUS201など、ステンレスにはいくつもの種類があります。

*12　飲料缶はアルミ缶かスチール缶です。磁石にくっつくのがスチール缶です。

ん。そこで、銅やマグネシウムを加えて合金とし、材料としての特性を高めます。

金の合金もいろいろ知られています。金には特別の呼び方があり、純金は24金とも呼ばれます。この他、18金というのもよく聞く言葉ですが、純粋でないということは、合金だということになります。ジュエリーでおなじみのイエローゴールドと呼ばれる18金では、金75%、銀15%、銅10%となっているようです。金は高価ですので、この場合には、美しさを保ちながらも（あるいは金とは異なる美しさを生み出しながらも）、値段を抑え、かつ、やわらかすぎる金の性質を改善するという目的もあるようです。

金の合金は万年筆のペン先にも使われる

発展学習

15.1　アルミ缶とスチール缶では、スチール缶は磁石にくっつきますがアルミ缶はくっつきませんので、分別することができます。同様に、たくさんの金属ゴミの中から、鉄系のゴミを磁石で分別回収することができます。ただし、ステンレス（鉄を含む合金）には、磁石にくっつくステンレスと磁石にくっつかないステンレスとがあります。違いを調べてみましょう。→ ポイント解説あり（p. 108）

15.2　鉄を作るときコークス（主成分は炭素）を使うので、できたての鉄（銑鉄（せんてつ）と呼ばれます）には、炭素が必要以上にたくさん含まれています。銑鉄は、比較的低い温度で融けるので、鋳物用として、それはそれで便利に使われますが、硬くもろいので、強くねばりのある物はできません。そこで、銑鉄に酸素を吹き込んで炭素を徐々に除いていき、炭素をちょうどよい量含んだ鋼（はがね）を作ります。ちなみに、炭素をすべて除いてしまうと、鉄はやわらかくなりすぎてしまうようです。鋼は英語でスチール（またはスティール）と呼ばれ、steelと書かれます。

15.3　遺跡から出土するものは、自然石でできたもの、焼物、木片などが多く、鉄器などの金属製のものは多くありません。これは土中で、鉄がさびて形がくずれてしまうからです。→ ポイント解説あり（p. 108）

15.4　音楽で使うシンバルは金属でできています。金属のどんな性質を生かしているのか考えてみましょう。

15.5　金管楽器のほとんどは真鍮（しんちゅう）（ブラスともいう）でできています。しばしば黄銅（おうどう）とも呼ばれます。銅と亜鉛の合金で、特に亜鉛が20%以上のものをこのように呼ぶようです。

15.6　硬貨はみな金属でできています。1円硬貨はアルミニウム100%のようですが、これ以外はみな合金です。5円硬貨は黄銅、10円硬貨は青銅、50円硬貨と100円硬貨は白銅、500円硬貨はニッケル黄銅と呼ばれる合金で作られているそうです。それぞれの合金が、どのような金属を混ぜ合わせたものか、調べてみるのもおもしろいかもしれません。

15.7　亜鉛（イオン化傾向は Al > Zn > Fe）はどういう還元法で作るのでしょう？　何も見ずに予想した後で、インターネットで調べみましょう。

第3部　エネルギー・生命・環境

第6編　エネルギー

第6編では、エネルギーについて、化学の立場から学びます。私たちは、エネルギーなくして生きることはできません。これは、社会活動ができないからという意味ではありません。私たちが食べる食事は、からだを作る材料を取り入れるだけでなく、からだを維持し活動するためのエネルギーを取り入れることでもあるのです。また、私たちは、自動車に乗ったり電気を利用したりするために、石油などの燃料を燃焼してそのエネルギーを得ています。そのような燃焼の結果、大気汚染や大気中二酸化炭素濃度の上昇が起こっています。エネルギー問題が環境問題と深く関わっていることが分かると思います。環境を考えるうえでも、エネルギーの理解が欠かせないのです。

第16章では、エネルギーが6種類に分類されることや、相互に姿を変えることを学び、第17章では、エネルギーの中でも古くから最も幅広く使われている熱エネルギーについて考え、化学エネルギーとの関係、電気エネルギーとの関係を学びます。第18章では、自然界にあふれるエネルギーの形、すなわち、化学エネルギーと光エネルギーから、私たちが最も便利に使うことのできる電気エネルギーを直接生み出す方法を学びます。

第16章　さまざまなエネルギーとその変換

「**エネルギー**」とは、「仕事をすることのできる能力のこと」とされますが、この文を理解するには、「**仕事**」という言葉も理解しなければなりません[*1]。化学の初心者は、厳密な理解にこだわらずに学んでください。

＊1　もちろん、ここでの「仕事」は、一般社会での仕事とは意味が違います。

16.1　エネルギーは6種類

太陽エネルギー、風力エネルギー、地熱エネルギー、水素エネルギーなど、○○エネルギーという言葉が世の中ではたくさん使われています。しかし、化学の立場からこれらのエネルギーの本質を見極めると、私たちがよく知っているエネルギーは、6種類に分類できることが分かります。

熱エネルギー：原子や分子といった、目に見えない世界の粒子の運動に由来するエネルギー。熱として認識され、気体を膨張させたりできるエネルギー。

化学エネルギー：化学結合の中に閉じ込められているエネルギー。

光エネルギー：光が持っているエネルギー。

電気エネルギー：電子などの電荷や、その流れである電流などが持つエネルギーで、電灯で光を生み出したり、ヒーターで熱を生み出したりするエネルギー。

風力発電は力学的エネルギー（運動エネルギー）を利用している

核エネルギー：原子核の中に閉じ込められているエネルギー。原子力発電に使われるエネルギー。

力学的エネルギー：**運動エネルギー**と**位置エネルギー**にさらに分けることができるエネルギー。

16.2　エネルギーの利用

私たちは、これら6種類のエネルギーをどのように利用しているでしょうか？　考えてみてください。人が生活の中で直接使うのは、

熱エネルギー：暖をとる、食品などを温める

光エネルギー：明るく保つ

電気エネルギー：パソコンなどを稼動させる

力学的エネルギー：運動エネルギーを利用して移動する

などで、化学エネルギーと核エネルギーは直接使うわけではないことが分かります。

16.3　エネルギーは姿を変える －エネルギー変換－

エネルギーは生まれることも消えることもありません*2。これを**エネルギー保存の法則**といいます。ただし、さまざまに姿を変えていきます。これを**エネルギー変換**といいます。

*2　物も、急に空間に現れたり、消えてなくなったりしません。これと同じです。

電気ヒーター：電気エネルギー　→　熱エネルギー

照明：電気エネルギー　→　光エネルギー

ろうそく：化学エネルギー　→　光エネルギー

電池（放電）：化学エネルギー　→　電気エネルギー

モーター：電気エネルギー　→　運動エネルギー

このように、エネルギー変換はあらゆるところで行われていますし、自然界でも起こっています。

太陽光で地面が温まる：光エネルギー　→　熱エネルギー

地面が温められた空気が上昇気流となる：

熱エネルギー　→　運動エネルギー

家庭で電気を使った場合を考えましょう。電気エネルギーは消費されたことになりますが、その分、光や熱といったエネルギーが生み出されています。6種類のエネルギーの中では、特に電気エネルギーが人にとって使い勝手が良いので、幅広く使われています。

16.4　各エネルギーの特徴

6種類のエネルギーは、それぞれに特徴を持ちますので、その特徴にあわせて利用することが大切です。すべてのエネルギーについて解説す

る紙面の余裕はありませんので、電気エネルギーと化学エネルギーについて、特に、重要なポイントだけ次に記すことにします。

電気エネルギーは、他のエネルギーへの変換が容易であるという特徴を持つといえます。光[*3,4]や熱が必要になる生活の場で便利に使われていますし、モーターを動かせば運動エネルギーを得ることもできます。電線によりどんな場所にも運ぶことができますが、送電ロスという言葉もあり、たくさんの電気をより遠くまで運ぶ技術が研究されています。

化学エネルギーは、それが有機化合物であるならば、燃焼することで容易に熱エネルギーへと変換できますが、その他のエネルギーの形への変換は、一部の例外を除き容易とはいえません。化学エネルギーの一番の特徴は、保存性がとても良いことです。石油や石炭が長い年月地中に保存されていることを考えれば、このことは納得できるでしょう。

電気エネルギーは、貯めて保存する方法がまったくないということではないのですが、大量の電気エネルギーを貯める方法はない、というのが現実です。電池のことを思い起こす人もいるかもしれませんが、電池が充電されたとき、電気エネルギーは化学エネルギーに変換されてそこに貯まっていると考えますので、電気を電気のまま貯めたとは考えません。

*3 光は**電磁波**（でんじは）と呼ばれるものの一種です。γ線（ガンマせん）、X線（エックスせん）、紫外線（しがいせん）、赤外線（せきがいせん）、マイクロ波、電波（ラジオやテレビの放送電波）なども、すべて同じ電磁波で、波長（はちょう）の長さだけが違います。目に見える光は、特別に**可視光**（かしこう）と呼ばれます。

*4 電磁波というものを深く理解するためには、物理学を学ぶ必要があります。

16.5 変換効率

エネルギー変換においては、**変換効率**（へんかんこうりつ）が大切です。例をあげて説明しましょう。今、電気エネルギーを光エネルギーに変換するとします（照明のことですね）。昔使っていた白熱電球は、電球が大変熱くなり手で触れませんでした。光エネルギーが欲しいのに、多くが熱エネルギーになってしまい、投入している電気エネルギーが無駄になっていたということです。蛍光灯を使うと、白熱電球ほどには熱くならず、同じ明るさを得るのに、少ない電気代（電気エネルギー）ですみました。今は、知ってのとおり、LEDが普及してきています。蛍光灯と比べても、格段に消費する電気エネルギーが少なくてすみます。

このように、エネルギー変換の効率（元のエネルギーから目的とするエネルギーへの変換効率）は、100% のことは通常ありません。目的のエネルギーに変換できなかった分は、上述のように、熱エネルギーとなってしまうのが常といえます。

投入した電気エネルギー ＝ 得られた光エネルギー ＋ 得られた熱エネルギー

いかに効率良く目的とする種類のエネルギーを得るかが、省エネにも大切なことが分かります。

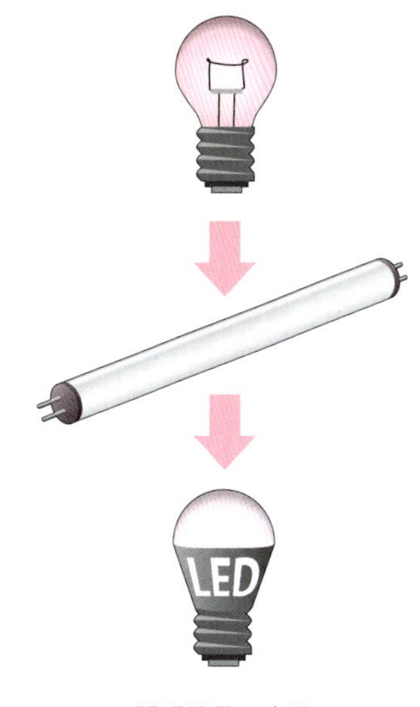

照明器具の変遷

16.6　植物による太陽光エネルギーの化学エネルギーへの変換

植物は**光合成**(こうごうせい)を行うことにより、太陽光エネルギーを化学エネルギーへと変換します*5。**食物連鎖**(しょくもつれんさ)から分かるように、地球上のほぼすべての生物は、このようにして作られた化学エネルギーを、直接あるいは間接的に取り入れて生きています。

私たちが化石燃料として使用している石油・石炭・天然ガス*6も、植物や動物の死がいが長い年月をかけて変化してできたものです。植物が、そして地球が、非常に長い年月をかけて溜め込んだ化学エネルギーを、私たちは、今、急速に消費しているということになります。

*5　20.6節で、より詳しく学びます。

*6　メタンを中心とした天然ガスは、ほぼそのまま都市ガスとして家庭に送られ、キッチンや給湯器で燃料として使われる一方、発電に使われて、別のエネルギーである電気エネルギーを生み出したりします。

発展学習

16.1　次の現象は、何エネルギーから何エネルギーへの変換でしょうか？ →ポイント解説あり (p. 108)
(1) 木と木をこすり合わせていたら熱くなってきた　(2) みんなで花火を楽しんだ
(3) 太陽電池で発電した　(4) エネファームで電気とお湯ができた

16.2　次のものは、6種のエネルギーのどれに相当するでしょうか？ →ポイント解説あり (p. 108)
(1) 風力エネルギー　(2) 太陽光エネルギー　(3) バイオ燃料

16.3　太陽からのエネルギーは、比較的正確に見積もることができます。地球が太陽から受け取っているエネルギーは1366 W/m^{2}で、この数字は**太陽定数**(たいようていすう)と呼ばれます。これに地球の断面積をかけ、1年間の時間で考えると、地球が1年間に受け取るエネルギーが算出できます。ただし、この数字は大気の表面（外側、つまり宇宙側）での値です。地表で太陽光発電などに利用できるエネルギーはもう少し小さくなります。→ポイント解説あり (p. 108)

16.4　地球の周りを回る軌道に大きな人工衛星を打ち上げて、そこで、太陽光発電を行うという構想があります。このようにすれば、太陽電池の置き場所には困りません。また、発電量が天候に左右されることもありません。問題は、発電した電気をどれだけ効率良く地上へ送電できるか？ です。

16.5　光触媒というものが身の回りで活躍しています。どのようなものか調べてみましょう。

16.6　植物工場が徐々に広まっています。植物を育てるための照明がLEDとなり、電気代を安くできるようになったからです。昔は、照明が発熱するので工場内が暑くなってしまい、これを冷やすためのエアコンにさらに電気エネルギーを使わねばならなかったという話があります。

16.7　インターネットで『エネルギー白書』を検索して読んでみましょう。化学を学ぶ人のために書かれたものではないけれど、エネルギーについてさまざまなことを知ることができます。

16.8　地球のエネルギーバランスを考えてみましょう。地球が外（宇宙）から得ているエネルギーは、主に太陽光のエネルギーです。地球が宇宙へ捨てているエネルギーは、目に見える光（可視光）と、目に見えない赤外線の形で捨てています。これらは、つりあっているのでしょうか？　地球温暖化の観点で、熱エネルギーについて考える場合には、地球の内部で発生する地熱についても考える必要がありそうです。

第 17 章　熱が関わる化学とその利用

有機化合物の燃焼などにより熱を発生させて（化学エネルギーの熱エネルギーへの変換）、この熱を利用する技術は、エネルギーを利用する技術の中で最も基本的なもので、身の回りでたくさん使用されています[*1]。これらについて学びましょう。

*1　熱を発生する化学反応は燃焼だけではありません。11.3 節にいろいろ出ていましたね。

17.1　熱の使い道

暖房や給湯のために使われるとき、熱は熱のまま使われることになります。からだを温めることは寒冷地では生死に関わることなので、大変重要な問題ですし、エネルギーを使う量としてもかなり多いといえるでしょう。

自動車・船・航空機など移動手段のために使われる場合は、熱は運動エネルギーに変換されて使われることになります。蒸気機関は、今はほとんど使われませんが、分かりやすい例としてあげることができます。

調理において、加熱（焼く・炒める・煮るなど）は基本的作業です。食材の状態が変化していきます。すべての変化が化学変化と呼べるかは別として、たくさんの化学変化（化学反応）が起こっているはずです。つまり、熱を、化学反応を起こすために使用しているといえます。

加熱は調理の基本的作業

また、火力発電という言葉から想像がつくように、熱は発電するためにも使われます。ただし、熱エネルギーが直接電気エネルギーに変換されるのではありません。発電方法はさまざまなものが知られていますが[*2]、熱エネルギーを元に発電する方法は、最も一般的な方法です（17.3 節で詳しく学びます）。

*2　火力発電以外だと、太陽光発電、風力発電、水力発電、地熱発電がよく知られています。

熱が、私たちの生活のさまざまな場面で役に立っていることが、とてもよく分かります。

17.2　熱を発生する化学反応 －燃焼－

11.3 節で学んだように、熱を発生する化学反応にはさまざまなものがあります。しかし、最も身近で容易にできるのは、有機化合物を燃焼させる反応（地球に豊富に存在する酸素と化合させる反応）です。ここでは、有機化合物の燃焼と熱の発生について、少し詳しく学びましょう。

まきを燃やすと、熱さと明るさが得られます。これは、化学エネルギーが熱エネルギーと光エネルギーに変換されたことに相当します。メタンのようなシンプルな化合物を理想的な状態で燃焼させると、熱は出ますが、光はほとんど出ません。キッチンにあるガスコンロで火をつけると、

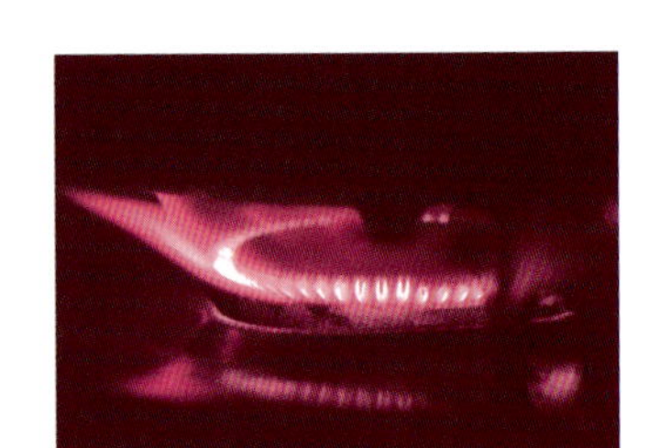

コンロの炎はあまり明るくはならない

熱くなりますが、あまり明るくはありません。燃料の化学エネルギーが大部分熱エネルギーになり、光エネルギーにはほんの少ししかならなかったと理解できます。

有機化合物などを燃やすとどれだけの熱が発生するのかは、よく調べられています。

最近話題に上ることが増えてきた水素、都市ガスの主成分であるメタン、家庭へボンベで届けられるガスの主成分であるプロパンの三つについて、反応式と発熱量を以下に示しました。

反応式	発熱量 (kJ/mol)[*3]
H_2(気) ＋ (1/2) O_2(気) ⟶ H_2O(液)	286
CH_4(気) ＋ 2O_2(気) ⟶ CO_2(気) ＋ 2H_2O(液)	891
C_3H_8(気) ＋ 5O_2(気) ⟶ 3CO_2(気) ＋ 4H_2O(液)	2221

＊3　エネルギーの単位としては、J (ジュール) が最も基本的な単位です。

水素は大変軽いので、重さあたりの発熱量は大きな値になります。メタンからプロパンになると、Hの含まれる割合が減少し、重さあたりの発熱量は小さくなっていきます。

17.3　熱を用いる発電

一般的な発電機では、コイルの中で磁石を回転させ、このときコイルに流れる電流を取り出しています[*4]。電気エネルギーになる直前は、磁石の回転ですから運動エネルギーであることが分かります。水力発電では、水の運動エネルギーを発電機の中の磁石へ伝えてその回転を生み出しますが、火力発電では､燃焼を元に、この運動エネルギーを作り出しています。最も基本的な火力発電では、燃料の燃焼により生じた熱を使って水蒸気を発生させ、同時にこの水蒸気に運動エネルギーを持たせます。これを発電機内の磁石へ伝えて、その回転を生み出しています。水は、液体から気体になると、体積が1000倍以上になるので、この体積変化を利用して運動エネルギーをうまく生み出しています。

＊4　一般的には、発電機は交流になっています。設計により、交流の周波数や電圧を決めることができます。

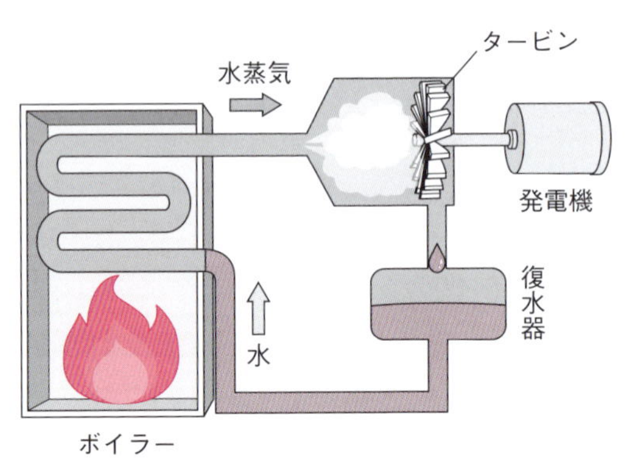

図　発電機のしくみ

17.4 熱の元となる物質：典型的燃料 －石炭・石油・天然ガス－

燃料として使用されるのは、通常、石炭・石油・天然ガス[*5]といった**化石燃料**（かせきねんりょう）か、そこから作られたガソリンなどの燃料です。これらが、だいたいどのような化学物質であるかを知ることは、とても大切なことです。

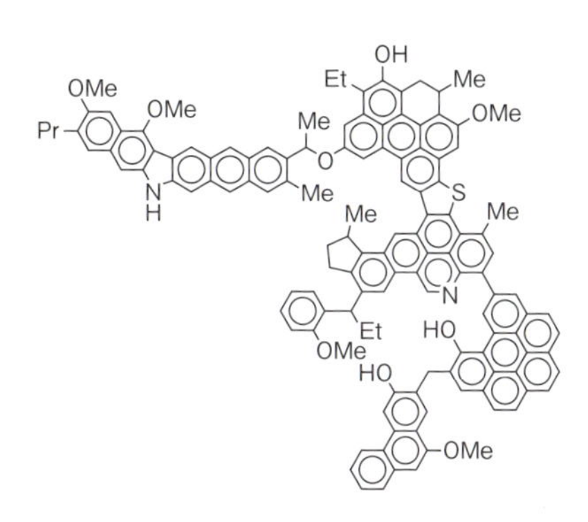

図 石炭の分子構造の例（Nomura ら：*Energy & Fuels*, **12**, 512–513（1998）より）

石炭（せきたん）は、石炭ストーブや蒸気機関車の燃料としてのイメージを多くの人が持っています。これらがほとんど使われなくなった今、石炭はほとんど使われていないと思われがちですが、火力発電においては、たくさん使われています。安価で、資源的にも豊富だからです。石炭は高分子です[*6]。典型的な構造として、上図のような構造式が描かれたりします。石油や天然ガスと比べると、炭素の含有率が高く、同じ熱量を得るために発生する二酸化炭素の量が多くなってしまいます。二酸化炭素の大気中への放出を減らすために、石炭火力を減らそうという動きもありますが、さまざまな理由により、なかなか減らせないようです。

次に、**石油**（せきゆ）（**原油**（げんゆ）ともいう）です。どんな化合物なのでしょう。見た目は着色した液体（薄い黄色から黒）です。さまざまな沸点を持つ有機化合物の混合物であることが知られています[*7]。石油には何が入っている、それから何が入っている、と学んでいくと、成分は次々と分かりますが、結局、石油のイメージを持つことができません。なので、石油から作られる製品の中で最も重要なガソリン（揮発性が高く、比較的沸点が低い、分子量が小さめの有機化合物の成分）[*8]を強く意識して、主成分は以下の (a), (b) のような化合物[*9]だと理解した方が、頭が整理されます。

(a) アルカン

$H_3C-CH_2-CH_2-CH_3$　ブタン

$H_3C-CH(CH_3)-CH_3$　2-メチルプロパン（イソブタン）

$H_3C-C(CH_3)_2-CH_3$　2,2-ジメチルプロパン

$H_3C-CH_2-CH_2-CH_2-CH_3$　ペンタン

$H_3C-CH(CH_3)-CH_2-CH_3$　2-メチルブタン（イソペンタン）

*5 石炭・石油・天然ガスは、いずれも火力発電に使用されています。

石炭

*6 12.5 節で学んだような繰り返し単位を持つ高分子ではありませんが、大きな分子量を持つ高分子と理解できます。

*7 有機物以外のものも少量含まれています。

*8 重油・灯油・ガソリンは、みな石油から作られる製品です。

*9 C と H からなる化合物で、直鎖のもの、枝分かれしたもの、環状となったものになります。

(b) シクロアルカン

このイメージをしっかりと持った後で、もっと分子量の大きい揮発性の低い化合物で、芳香族やＮやＳを含む化合物も含まれていると理解しておきましょう。産地によって、その含まれる割合も違います。

最後に、**天然ガス**です。地中から得られるガスはいろいろありますが、成分としては、メタン・エタン・プロパン・ブタンになります。天然ガスという場合には、メタンガスを主に含むガスを指していることがほとんどです。メタンは都市ガスの主成分です。プロパンは、都市ガス以外の地域にボンベでガスを供給する場合のガスの主成分です[*10]。ブタンは、ライターやカセットコンロに使われることが多いようです。これらに対し、エタンは、主成分に対する副成分として混ざっていることが多いようです[*11]。

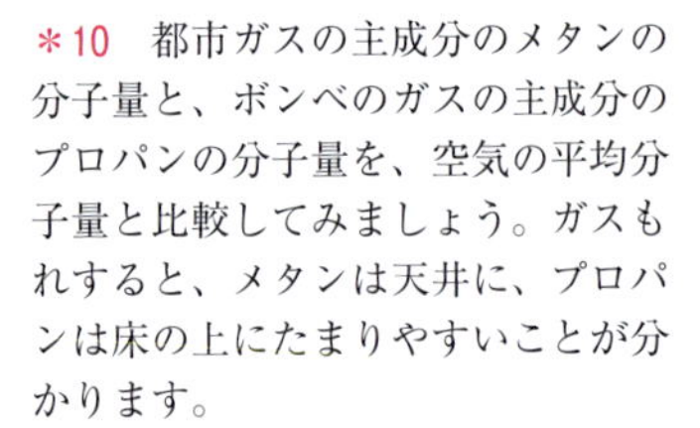

＊10　都市ガスの主成分のメタンの分子量と、ボンベのガスの主成分のプロパンの分子量を、空気の平均分子量と比較してみましょう。ガスもれすると、メタンは天井に、プロパンは床の上にたまりやすいことが分かります。

＊11　エタンが豊富に安定に得られるところでは、これを合成原料として利用している場合があるようです。

都市ガスやボンベのガスの成分は、各ガス会社のホームページでおおまかな割合を見ることができます。

石炭・石油・天然ガスをＨ含有量の点から比較すると、この順で大きくなっていきます。17.2節の議論からすると、重さあたりの発熱量は石炭・石油・天然ガスと大きくなることになります。

17.5　熱の元となる物質：核燃料 －ウラン－

原子力発電というものが行われていることは、多くの人が知っています。これは、核エネルギーの電気エネルギーへの変換が行われているということです。どのように行われるのでしょう。

じつは、この発電の電気を作る原理は燃焼に基づく発電と同じです。熱により水蒸気を作って運動エネルギーを生み出し、発電機を回しているのです。化学反応（燃焼）により生じる熱を使うか、核反応により生じる熱を使うかの違いです。ですから、ここでは、核エネルギーがどのように熱エネルギーに変わるのかについて少し学びましょう[*12]。

核反応は、原子の中の原子核の部分が変化する反応です[*13]。原子力発電で起こる核反応のうち最も重要なものは、^{235}U（ウラン235と読む）の**核分裂反応**です。（詳しく調べると、ウランには何種類かあり、そのうちの^{235}Uということです。）この原子に中性子を吸収させると、原子核が壊れて別の二つの原子ができる核反応です。^{235}Uは、いつも決まったところから二つに割れる（分裂する）のではないので、さまざまな反応が

＊12　核反応においては、驚くべきことに、質量の一部がエネルギーに変化します。このエネルギーは次の式で計算することができますが、むずかしいので解説は省略します。

$$E = mc^2$$

＊13　**核化学**は、ワンポイント・レッスン10（p.121）で少し詳しく説明しています。ここでは気にせず、話の流れをとらえてください。

起こって、さまざまな元素（核分裂生成物）が生じます*14。反応例を二つだけ示します。一つの反応だけを起こすということはできません。

$$^{235}U + {}^{1}n \longrightarrow {}^{95}Sr + {}^{139}Xe + 2\,{}^{1}n$$

$$^{235}U + {}^{1}n \longrightarrow {}^{90}Kr + {}^{143}Ba + 3\,{}^{1}n$$

上記のうち上の反応式では、ウラン 235 と中性子 (^{1}n) が反応して、ストロンチウム 95 とキセノン 139 と中性子 2 個ができています。質量数を足し算すると、左辺も右辺も 236 となっています。この反応に伴い、膨大なエネルギーが放出されるのです。

原子力空母や原子力潜水艦は、原子炉を積み、原子力発電で動く船（潜水艦）です。燃料は 3、4 年使われるともいわれます。想像してください。ガソリンスタンドに寄らないで、3 年も 4 年も走れる自動車を。

*14 核反応を起こす元素やそれから生成した元素は不安定なものが多く、放射線を出して（エネルギーを放出して）安定になろうとします。この放射線が大量に人体に吸収されると有害であることはよく知られています。

発展学習

17.1 ときどき見かけるLPGという表記は、あるガスを意味しています。調べてみましょう。同様に、LNGも調べてみましょう。

17.2 石油（原油）から作られる燃料に、ガソリン・軽油・灯油・重油などがあります。どのように作られるか調べてみましょう。→ポイント解説あり (p. 109)

17.3 下水の中には、有機化合物が多く含まれています。微生物の力を借りてこれを分解すると、メタンガスが得られます。一部の下水処理施設では、このメタンガスを使った発電が行われています。

17.4 ゴミの中には、燃焼して熱を出す有機化合物が多く含まれています。これをうまく利用するのがゴミ発電です。各自治体のゴミ焼却場では、ゴミ発電が行われているところが多くあります。ゴミを燃焼する場合、水をどれぐらい含んでいるかが問題になります。水が多く含まれていると、せっかく発生した熱がゴミに含まれる水分の蒸発に使われてしまい、タービンを回す水（水蒸気）の方へうまく渡せないからです。

17.5 炭は昔からある燃料です。炎や煙がほとんど出ることなく、安定に長時間燃え続け、熱を供給し続けるすぐれた燃料です。成分としては、ほぼ炭素と理解してよいようです。燃焼した場合には、CO_2 は発生しますが H_2O は発生しません。

17.6 ウランの核分裂により生成するセシウム 137 (^{137}Cs) は不安定です。この物質は、一定の速さで壊れて別の種類の元素に変わります。速さは、**半減期**（はんげんき）という言葉でしばしば表現されます。半分に減るのにどれぐらいの時間がかかるかという意味です。セシウム 137 の半減期が 30 年とすると、一定量のセシウム 137 からの放射線が 10 分の 1 になるには、およそ何年かかるでしょうか？ →ポイント解説あり (p. 109)

17.7 人工衛星は太陽電池パネルを広げているイメージが定着しています。でも、太陽から離れた星へ行く探査機はどうでしょう。太陽から遠くなると太陽光が弱くなり、だんだん発電が困難になります。このようなとき、使われるのが原子力電池です。熱（温度差）を（効率は高くないが）直接電気に変えるペルチエ素子などを使って発電します。

第18章 電気化学とその利用

前章で学んだように、発電機を使う発電では、化学エネルギーは、熱エネルギーや運動エネルギーを経て電気エネルギーへと変換されていました。この章では、化学や光のエネルギーが直接電気エネルギーへと変換される例を学びます*1。変換時には、変換効率が関係することを考えると、何段階もの変換を経るよりも、元となるエネルギーの形態から利用するエネルギーの形態への直接変換の方が魅力的ですから、ここで学ぶ方法はとても重要であるといえます。

ここで紹介するものは、**電気化学**と呼ばれる化学の分野に関係しています*2。電子のような電荷を持つ粒子が、諸現象において重要な役割を果たします。

*1 一般的な発電機では交流の電気が得られ、電池では直流の電気が得られます。

*2 反応に電子が関わっているためこう呼ばれます。反応式に電子が出てくることもあります。

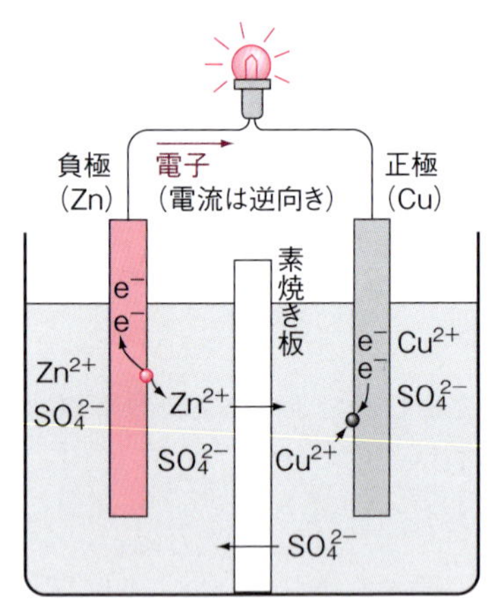

図 ダニエル電池（放電時の電子（e^-）と主なイオンの動き）

18.1 金属の溶解・析出を利用する電池

最初の例は、**電池**です。電池のイメージとして最も基本的なものである**ダニエル電池**について学びましょう。

二種類の異なる金属（この場合は、銅と亜鉛）が**電極**（でんきょく）です。それぞれの金属は、そのイオンを含む水溶液（**電解液**（でんかいえき）と呼ばれます）に浸けられています。ここでは、$CuSO_4$（硫酸銅）と $ZnSO_4$（硫酸亜鉛）が、金属イオンを提供するために使われています。これらの塩は、水溶液中で、それぞれ Cu^{2+}、SO_4^{2-}、ならびに Zn^{2+}、SO_4^{2-} に電離しています。放電時（発電するとき）*3、亜鉛が電子を放出してイオンになります。この亜鉛イオンは溶液中に溶け出します。電子は外部回路を回って、反対側の極へ行きます。銅の表面まで来た電子は、溶液中の Cu^{2+} へと渡され、0価の Cu が作り出されます。この銅が銅電極の表面に析出（せきしゅつ）します*4,5。

異なる二種の金属を使って同様の系を組み立てれば、電池として機能します。このとき、金属のイオン化傾向の差が大きいと大きな**電圧**が得られます*6。ダニエル電池では、約1.1Vの電圧が得られます*7。電子が外部回路へ出てくる電極は**負極**（ふきょく）、反対の電極は**正極**（せいきょく）と呼ばれます。

反応式で見てみましょう。

$$\text{負極}\quad Zn \longrightarrow Zn^{2+} + 2e^-$$
$$\text{正極}\quad Cu^{2+} + 2e^- \longrightarrow Cu$$

さて、それでは、以上のイメージを出発点にして、市販の電池（マンガン乾電池）の構造を見てみましょう。図（次ページ右上）に構造を示しました。負極は亜鉛のようですね。これはダニエル電池と同じですね。そして、この負極が全体の容器にもなっているようです。

*3 電池の放電は、化学エネルギーの電気エネルギーへの直接変換に相当します。

*4 **電流**は電荷を持つ粒子の流れです。最も一般的なのは、金属の中の電子の流れです。イオンの流れも電流になります。

*5 電子の流れる向きと電流の流れる向きは反対です。これは、電流を発見した人が反対に決めてしまったからです。現象の理解では、まず、電子の動きを理解することが大切です。

*6 **起電力**（きでんりょく）という言葉もあります。

*7
電圧 (V) × 電流 (A) = 電力 (W)
電力 (W) × 時間 (h) = 電気エネルギー (Wh)

負極の反応は、

$$Zn \longrightarrow Zn^{2+} + 2e^-$$

で、金属の溶解ですから、先ほどの電池と同じです。ただし、生成した Zn^{2+} はただちに反応して取り除かれ、電池反応が良好に進行するよう工夫されています。

正極の反応は、$MnO_2 + H^+ + e^- \rightarrow MnOOH$ です。H^+ と e^- が MnO_2 を MnOOH へと還元する反応です（ダニエル電池で見られた金属の析出ではありません）[*8]。

水を電解液の溶媒として使う電池では、さまざまな工夫をしても 1.5 V 程度が限界です。それ以上では、水自身が反応してしまうからです。高い電圧が必要なときは電池を直列につないで使うということはよく知られています[*9]。

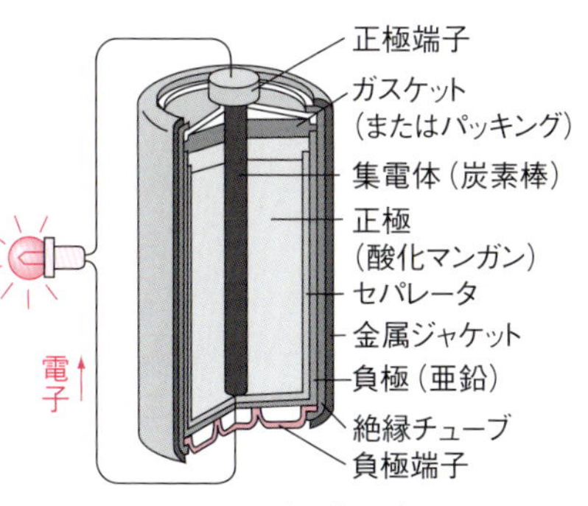

図　マンガン乾電池

＊8　電池を構成するために利用できるのは、金属の溶解や析出の反応だけではないということです。

＊9　1.5 V の電池を例えば 4 個直列につなげば、6.0 V の電圧が得られます。

18.2　充電可能な電池

前節で紹介した電池は、使い捨ての電池です。外部から電気エネルギーを投入しようとしても、うまく元の状態に戻りません[*10]。一方、充電して何度も使用できる電池があることは知っていますね。スマートフォンやノートパソコンに使われています。

充電できる電池として最も重要なのは、リチウムイオン電池です[*11]。負極および正極の反応は、例えば次のようなものです。

$$\text{負極}\quad Li_xC_6 \underset{\text{充電}}{\overset{\text{放電}}{\rightleftarrows}} xLi^+ + xe^- + 6C$$

$$\text{正極}\quad Li_{1-x}CoO_2 + xLi^+ + xe^- \underset{\text{充電}}{\overset{\text{放電}}{\rightleftarrows}} LiCoO_2$$

＊10　使い捨ての電池を充電しようとしてはいけません。

＊11　図では Li イオンが物質の中に入ったり出たりしているように見えませんか？　このような形で中に入る現象はインターカレーションといわれます。

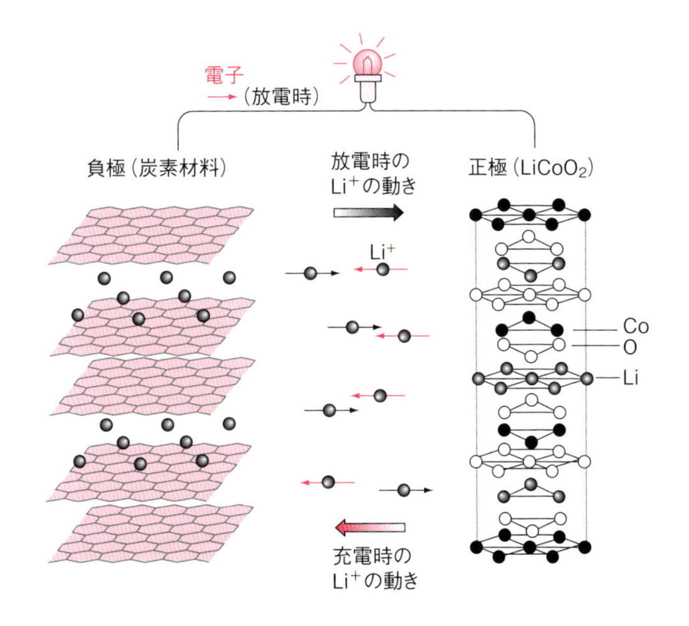

放電時（前ページの上式で右向きの反応）、負極の炭素から Li がイオンとなって出て行き、残された電子は外部回路へ流れます。正極では溶液中から Li イオンが入ってきて外部回路から来た電子と結びつきます。負極も正極も、金属の溶解や析出ではありません。

この電池には、もう一つ大きな特徴があります。それは、水ではなく有機溶媒を使っているということです。このことにより、水では実現できない、3.5 V 程度の電圧を実現しています。有機溶媒は、水よりも分解しにくいので、このような高い電圧が可能となるのです[*12]。

*12　電圧を高くできると、電気エネルギーを多くためやすくなります（本章の側注7参照）。

18.3　キャパシタ ―化学反応を伴わない蓄電デバイス―

電池ではないのですが、似たものにキャパシタがあります。近年、蓄電できる電気の量が多くなり、その重要性が増しています。注目されている電気二重層（でんきにじゅうそう）キャパシタというタイプのキャパシタの原理を図に示します。電極と電解液の界面に電気二重層という層が形成され、この部分に電気が蓄えられます。電極の表面積が広ければ広いほど多くの電気を蓄えられるということが図から分かると思います。

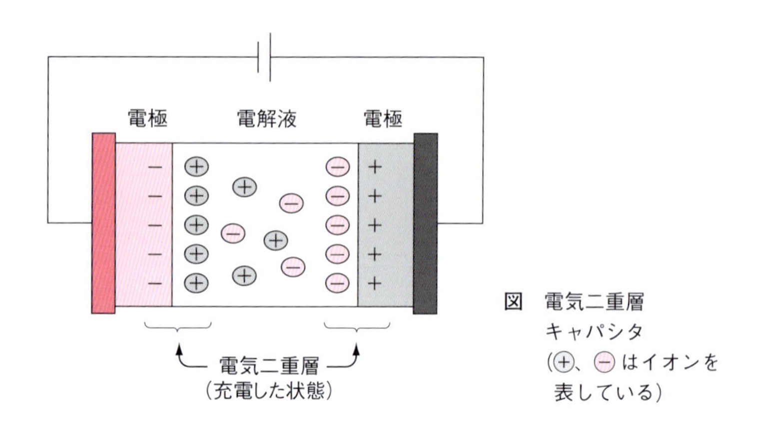

図　電気二重層キャパシタ（⊕、⊖はイオンを表している）

このようなキャパシタの場合も、電気を蓄えるときの最大の電圧は、水を使うものならば 1.5 V 程度まで、有機溶媒を使うものなら 3.5 V 程度までです。電気化学の現象が基礎となっているので、電池と同じような限界を持っています。

キャパシタはたくさんの電気エネルギーを蓄えるという性能では電池に及ばないのですが、化学反応が起こらないため、急速な充放電が可能で大きなパワーを出すことができる、繰り返し性能が高い、低温性能が高いという特徴があります。電池と組み合わせて使うとよいようです。

18.4　燃料電池

典型的な燃料電池は、固体高分子形（こたいこうぶんしがた）燃料電池と呼ばれるタイプです。

エネファーム[*13]に用いられている燃料電池も、水素自動車に用いられている燃料電池もこのタイプで、水素と（空気中の）酸素が供給される構成となっています。燃料電池は、燃料と酸化剤が供給され続ける限り継続して発電することが可能です[*14]。電池と同様、化学エネルギーの電気エネルギーへの直接変換に相当します[*15]。

*13 エネファームとは、家庭用燃料電池コージェネレーションシステムのことです。

*14 ガスストーブは、ガスと空気を供給し続ける限り、熱を発生し続けます。同様に、燃料電池は、電気を発生し続けます。

*15 エネファームでは、コンバーターと呼ばれる装置で直流を交流に変換して、家庭の電気製品に使えるようにしています。

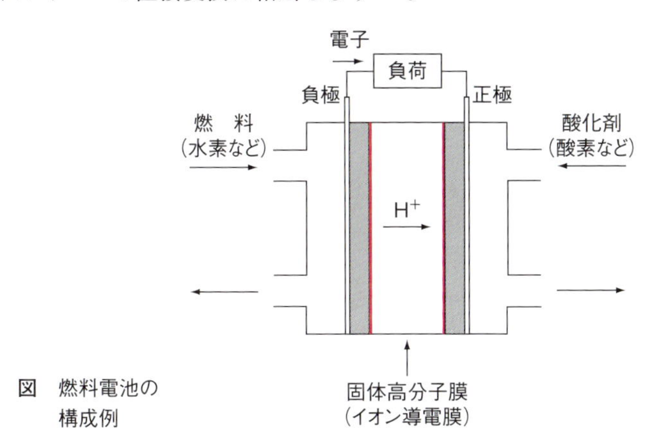

図 燃料電池の構成例

燃料電池の構造は、図に示すように大変シンプルです。水素-酸素燃料電池を例に、反応の様子を見てみましょう。左から来た水素分子は多孔性[*16]の電極を通り抜け、イオン導電膜との界面で反応します。水素分子は、2個の H^+ と2個の電子とに分かれ、H^+ はイオン導電膜の中へ、電子は外部回路へと流れていきます。右側の極では、イオン導電膜を通り抜けてきた H^+、外部回路を通ってきた電子が酸素と出会い、水ができます。それぞれの極の反応は次のようになります。

*16 多くの孔があいているという意味です。

$$\text{負極}\quad H_2 \longrightarrow 2H^+ + 2e^-$$

$$\text{正極}\quad 2H^+ + 2e^- + (1/2)\,O_2 \longrightarrow H_2O$$

理論的に得られる電圧は1.23 V です。前節で紹介した電池同様で、高い電圧を必要とするときは、直列接続して使用します。

水素自動車では、水素タンクにためた水素を使います。エネファームでは、ガス（有機化合物）を分解して水素を作り出し、これを使います。

18.5 太陽電池

太陽電池は、光エネルギーを電気エネルギーへ直接変換する装置です[*17]。一般的な太陽電池はシリコン（ケイ素）でできています。この材料は半導体の性質を示します（14.6節参照）。太陽電池は半導体の性質を利用して作られているのです。少し手を加えて、p型半導体およびn型半導体と呼ばれる状態とし、これらをくっつけた（pn接合した）ものが基本構造です。発電の原理は、化学の初心者にはむずかしいので、本書では説明しません。

*17 太陽の光はさまざまな光を含んでいます。目に見える可視光を中心に、波長が短く目に見えない紫外線、波長が長く目に見えない赤外線、などです。目に見える可視光の中では、紫や青の光が波長の短い光で、赤が波長の長い光です。

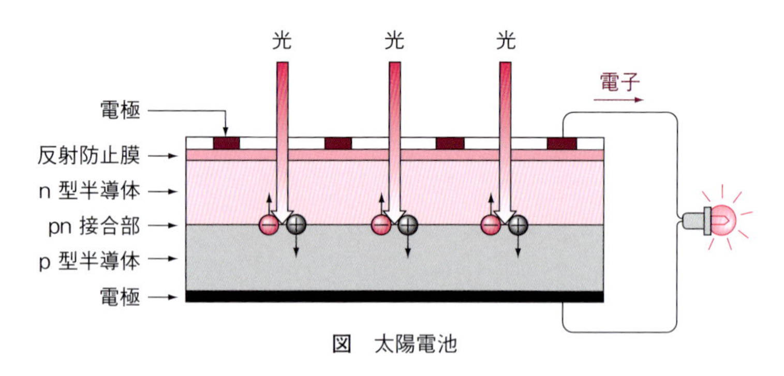

図　太陽電池

太陽電池で得られる電気は、直流で約0.6V程度が基本です。このように見てくると、○○電池という言葉で表現される場合、基本は直流で1V前後（特殊なもので3V）で、10Vや100Vはないと分かります。

一般的な太陽電池では、太陽光の光エネルギーの電気エネルギーへの変換効率は20%前後です。宇宙用など特殊用途のものでは、特殊な構造を用いることにより、30%を超える効率を示すものが利用されています。

発展学習

18.1　自然界では、金など一部の例外を除き金属は存在しません。ということは、自然界にあるものをそのまま使うだけでは、ダニエル電池のタイプの電池は作れないことになります。人がさまざまな金属を作れるところまで技術を進歩させていたからこそ、作ることができた電池といえますね。

18.2　リチウムは地球上に豊富にある元素ではありません。産出するのは一部の国です。リチウムと同族の元素にナトリウムがあり、これは海にもたくさんあることが知られています。リチウムの代わりにナトリウムを使って、ナトリウムイオン電池を作ったらどうでしょう。→ポイント解説あり（p.109）

18.3　燃料電池は、固体中のイオンの移動が大きなポイントになっています。温度が高くなれば、このイオンの移動の速さは速くなります。調べてみると、いろいろな燃料電池があることが分かりますが、それぞれ動作温度が異なります。あまり高い温度が必要だと、家庭で利用するのはむずかしいでしょう。

18.4　燃料電池で電気を生み出すのは、水素と酸素の組合せだけではありません。メタノールと酸素（空気）の組合せを用いるのは、ダイレクトメタノール燃料電池といって、専門家の間ではよく知られています。メタノールで発電できるならば、エタノールでもできるのではないでしょうか？　そうであるなら、お酒でも発電できるのではないでしょうか？

18.5　夜間電力で電池を充電して、昼間にためておいた電気を利用するという電気の利用方法があります。これは、電気エネルギーを一度化学エネルギーへと変換し、後に、化学エネルギーを電気エネルギーへと再度変換する方法となります。変換の際には変換ロスが出ますので、使うときには、エネルギーの量は減っていることになります。「お得」なのは経済的な話で、そうなるのは夜間電力の単価が安いからです。

18.6　分子状の水素（H_2）は、石油や天然ガスのように、地面の下から掘り出せるような物質ではありません。分子状の水素は、人工的に作らない限りはほとんど存在しません。では、水素という元素は、地球上ではどこにあるのでしょうか？ →ポイント解説あり（p.109）

第7編　生命の化学

第7編では、これまで学んできた化学の知識を生かして、生命を形作る物質を理解することにチャレンジします。わくわくしますね。「学んだことが、こんなところに出てきている！」と感動してください。

第19章では、生命が主に何でできているのかについて学びます。高分子や水素結合などの知識も出てきますから、確認しながら学んでください。第20章では、生体の中でどのような化学反応が起こっているのかについて学びます。酸化還元反応も出てきます。生体内の反応は「代謝（たいしゃ）」と呼ばれます。

第19章　生命を形作る物質

生命がどんな物質からできているか学びましょう。ほとんどすべて分かっています。それでも、まだまだ生命は奥深いんです！

動物をイメージしてみましょう。骨があって筋肉があるというのが、分かりやすいイメージかと思います。植物ではどうでしょうか？　骨も筋肉もないようですが、形を保つための物質が何か必要のように思われます。

細胞で考えると、その成分の主なものは、1. 水、2. **糖質（とうしつ）**（**糖**）、3. **タンパク質**、4. **脂質（ししつ）**（**脂肪（しぼう）**）、5. **核酸（かくさん）**　とよくいわれます[*1]。水は、物質としての構造をすでに学んでいますので、水を除く四つの物質について学びましょう[*2]。この章の話は、食品化学とも深い関係があります。食品は、生命を形作る物質そのものだからです。

*1　糖質・タンパク質・脂肪は**三大栄養素**といわれます。

*2　骨の成分などは、これらの中には含まれていませんね。骨を持たない生物もいるので、より基本的な部分のみ学ぶと理解してください。

19.1　糖（糖質）

糖は、からだの中でさまざまな役割を演じていますが、最初に覚えるべきなのは、「骨格形成」と「エネルギーの貯蔵」という役割です。

「骨格形成」については、植物をイメージすると分かりやすいと思います。植物には骨がありませんので、その代わりにからだの形を保つものが必要です。植物繊維とかセルロースと呼ばれるような物質が、これらの役目を果たしています。これらの物質は、糖として分類される分子構造を持っています（高分子です）。

また、「エネルギーの貯蔵」でいうならば、イモの部分に貯められるデンプンが分かりやすいでしょう。デンプンも、糖として分類される分子構造（これも高分子です）を持っています。

図に糖の代表例として、グルコースという分子を示しました。生体の中では、グルコースのような糖の分子がいくつもつながった形で存在することが多くあります。1個の糖が単独なら**単糖**(たんとう)、2個つながると**二糖**(にとう)*3、数個つながるとオリゴ糖と呼ばれます。そして、多数つながった高分子は**多糖**(たとう)と呼ばれ、例としてはデンプンやセルロースなどがあります。

次に、分子構造を詳しく見てみましょう。注目点は、糖が -OH をたくさん持った構造（ほぼ炭素1個につき -OH が1個）をしていることです。単糖の状態で見れば、12.3節で学んだように、水に溶けやすい構造をしているということです。

「いろいろあって分からない」と思わずに、「みんな同じなんだ」と理解することが大切です。微妙な違いは、その後で学ぶものです。グルコースもフルクトースもトレハロースもスクロースも、ヒドロキシ基（-OH）をたくさん持っていて水によく溶けそう。どれも環状の構造を作ってつながっていくんだなと、とらえられたでしょうか？*4

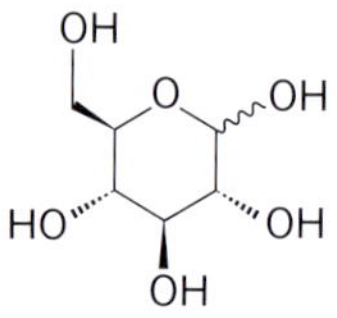

グルコース 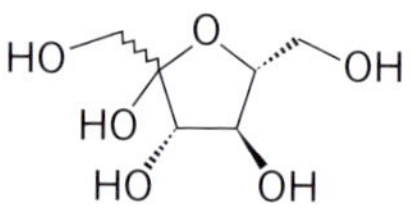　　フルクトース

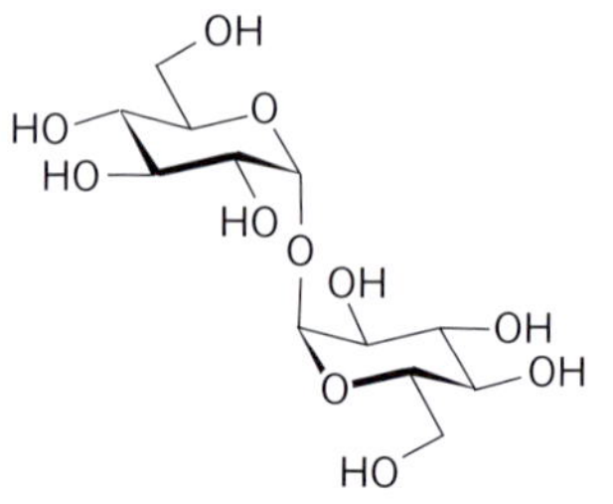

トレハロース 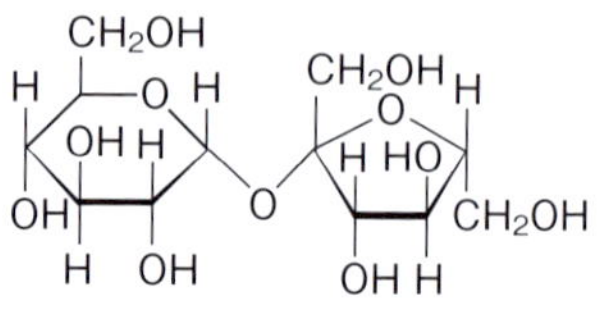　　スクロース

糖は基本的に水によく溶けますが、高分子になると特別な事情が生じて、水に溶けにくくなるものができてきます。これは、-OH が分子内のあちらこちらで他の部分と引っ張り合う（水素結合する）形になり、それらをはずさないと、水と相互作用できないからです。植物のからだを構成するセルロースは、簡単には水に溶けませんよね。その他にも、高分子としては、上記の他、肝臓にためられるグリコーゲンなど、さまざまな種類があります*5。

19.2　アミノ酸

次は、タンパク質について学ぶのですが、そのためには、その構成要素となっている**アミノ酸**から先に学ぶのが分かりやすいと思います。スクロースなどの糖がつながって高分子となるように、アミノ酸もつな

*3　料理に使う砂糖の主成分はスクロースで、グルコースとフルクトースがつながった二糖に相当します。水によく溶けますよね。

*4　構造式の中に「—」、「►」、「┉」などの線が描かれている場合があります（もちろん意味があります）。少し正確さを欠くことになりますが、化学の初心者のみなさんは、通常の線「—」と同じと理解しておきましょう。

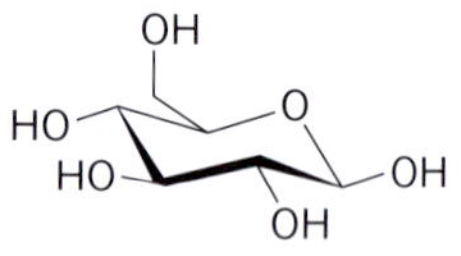

グルコースの別表現

グリコーゲンの枝分かれ構造
『ハーパー生化学』（丸善，2001）より改変

*5　高分子鎖の枝分かれ（12.6節）が多い少ないなどの違いもあるようです。

がって高分子となり、それがタンパク質と呼ばれるものだからです。

アミノ酸とは、アミノ基（$-NH_2$）とカルボキシ基（-COOH）を持つ化合物のことです*6。12.4 節で学んだアミンと 12.3 節で学んだカルボン酸の両方の特徴を持つ化合物です。この条件を満たす化合物の構造式はいくつでも描くことができますが、人のからだを構成するアミノ酸は 20 種類であることが知られています*7。以下に 4 例だけ示しました。

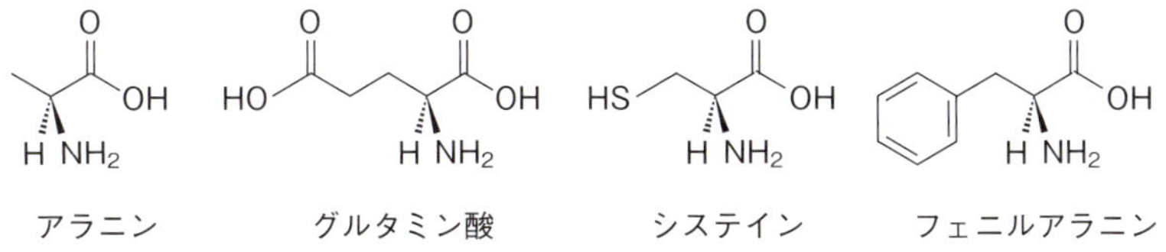

アラニン　グルタミン酸　システイン　フェニルアラニン

これらをすべて覚える必要はありません。アミノ酸という構造を持つ化合物がからだの中で働いていることを知れば充分です。アミノ酸は窒素（N）を含む化合物なので、人が生きるには窒素が必要だということが分かります。20 種類の中には、イオウ（S）を含むアミノ酸もあり、生きるためにイオウが必要なんだと思わせます。

20 種のアミノ酸の中には、ヒトが自分で合成できないアミノ酸があることが知られています。これらは**必須アミノ酸**といわれ、体の中で合成できないので、食品から取り入れなければならない化合物です*8。

*6　有機化合物で酸といったら、-COOH を持つカルボン酸です。$-SO_3H$ を持つスルホン酸もありますが、自然界には見あたらないそうです。

*7　20 種類のアミノ酸は、カルボキシ基のすぐ隣の炭素にアミノ基（プロリンのみやや変形しています）を持ちますので、カルボキシ基から数えて一番目（この位置を α の位置と呼びます）の位置にアミノ基がついた α-アミノ酸と理解されます。

*8　必須○○という言葉は、脂肪酸のところでも出てきます。

19.3　タンパク質

タンパク質は、からだの中でさまざまな役割を果たしています。コラーゲン・ケラチンなどの構造タンパク質、オボアルブミン・フェリチンなどの貯蔵タンパク質、筋肉を構成するアクチン・ミオシンなどの収縮タンパク質、酸素を運ぶヘモグロビンや脂質を運ぶアルブミン、コレステロールを運ぶアポリポタンパク質などの輸送タンパク質、免疫機能に関与する抗体であるグロブリンなど、非常に多様であることに驚かされます。

化学の初心者は、タンパク質といったら「筋肉」と「酵素（次章で学びます）」がまず思い浮かぶようにしておくことをお勧めします。

タンパク質は、19.2 節で学んだアミノ酸が直鎖状につながった高分子です。アミノ基とカルボキシ基が脱水縮合して、**アミド結合**（**ペプチド結合**ともいいます）した高分子です*9。

例えば、19.2 節の図に示したアミノ酸でいうならば、アラニンの次にグルタミン酸、その次にシステイン… といったようにつながっていきます。このつながりのことをタンパク質の**一次構造**と呼びます。次ページ

*9　高分子には、鎖状、枝分かれ状がありましたね。タンパク質は鎖状です。

第 7 編　生命の化学

の図でその様子を見てください。-(C=O)NH- の部分がアミド結合です。できあがった高分子において、一方の末端がアミノ基、他方の末端がカルボキシ基になることも注目したいポイントです[*10]。

*10　アミノ基側を N 末端、カルボキシ基側を C 末端と呼びます。

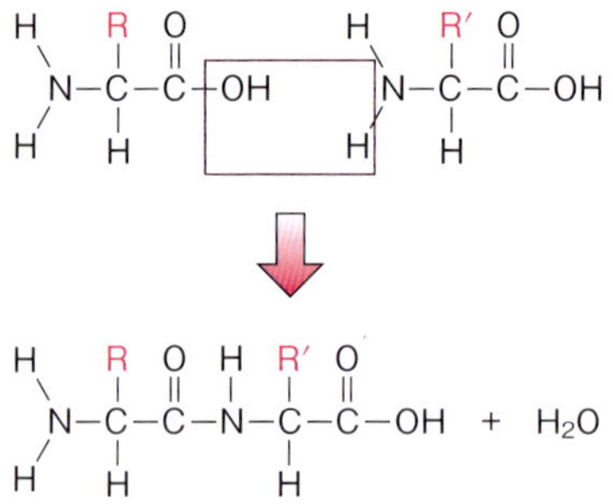

$$H_2N-CHR-COOH + H_2N-CHR'-COOH \rightarrow H_2N-CHR-CO-NH-CHR'-COOH + H_2O$$

第 12 章で学んだ高分子のことを思い出してください。モノマーと呼ばれる高分子の構成単位は、一種類か二種類でしたよね。タンパク質の合成では、20 種類のアミノ酸（モノマー）を自由自在につなぎ合わせて、望みの高分子を作り上げていくんです。驚きですね。

できあがった高分子は、分子の一部と別の一部とが相互作用し（引っ張り合い）、かたまりとしての形を作り上げていきます。直鎖の高分子が精密に絡まって、形ができているイメージになります。

19.4　脂　肪

脂肪（しぼう）は、主に栄養（エネルギー）の貯蔵に使われ、肝臓や脂肪組織に貯蔵されます。栄養学では、脂肪 1 g は 9 kcal、**炭水化物**（たんすいかぶつ）（糖質と考えてください）とタンパク質は 1 g で 4 kcal といわれます。同じ重さで 2 倍以上のエネルギーを蓄えることができることになります。優秀なエネルギー貯蔵分子ですね。

典型的な脂肪は、**脂肪酸**（しぼうさん）（カルボン酸）と**グリセリン**（グリセロールとも呼ばれるアルコール）が**エステル結合**した構造を持つ分子です[*11,12]。水を加える加水分解（かすいぶんかい）という反応で、脂肪酸とグリセリンに分解します。

*11　RCOOR′の形、-COO- があって、両側に炭素骨格があるのがエステルです。

*12　「エステルは、アルコールとカルボン酸からできる」、逆に、「エステルは、分解するとアルコールとカルボン酸を生じる」と覚えてしまいましょう。

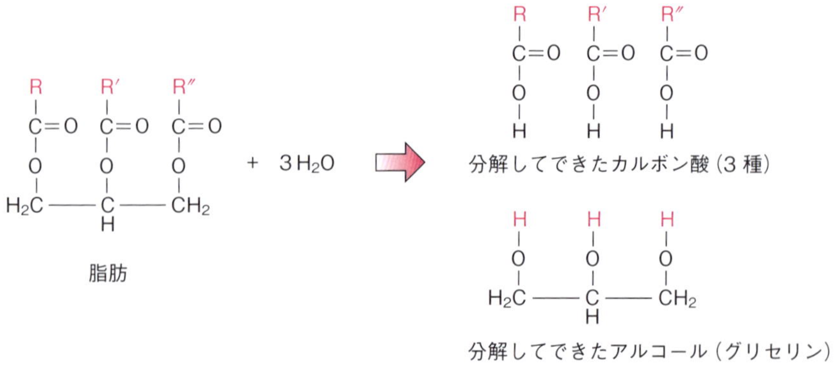

$$\text{脂肪} + 3H_2O \rightarrow RCOOH + R'COOH + R''COOH + \text{グリセリン}$$

脂肪

分解してできたカルボン酸（3 種）

分解してできたアルコール（グリセリン）

動物においては、運動能力を高く保つため、糖よりも重さあたりのエネルギーが大きい脂肪が貯蔵に使われます。貯蔵向きの分子なので、速やかに反応させて次々とエネルギーを取り出すという目的には向いていないようです。一度ついた脂肪は落ちにくいといわれるゆえんです。

植物にも脂肪はあります。動物由来か植物由来かにより、分解したときのカルボン酸部分に相当する分子の構造が異なります。動物性脂肪は**飽和脂肪酸**を多く含み、融点が高いという特徴を持ちます。これに対し、植物性脂肪は**不飽和脂肪酸**を多く含み*13、融点がやや低いという特徴を持ちます*14。

同じ植物由来の油でも、脂肪酸の種類は異なります。サフラワー、ヒマワリ、ゴマ、トウモロコシなどでは、リノール酸*15 が多く含まれています。これに対し、オリーブオイルには、オレイン酸がたくさん含まれています。オリーブオイルは料理の世界でも、他の油とはちょっと違う評価を受けているようです。

*13　二重結合を持つので不飽和といわれます。飽和・不飽和という言葉は、12.2 節で学びました。

*14　動物性脂肪の例としてバターをイメージし、植物性脂肪の例としててんぷら油をイメージすると、融点の差が納得できます。

*15　リノール酸は**必須脂肪酸**の一種です。

19.5　DNA －情報を記録する物質－

生物は**細胞**でできています。細胞の中には、通常、**核**と呼ばれる組織があります。その中に、**DNA**（**デオキシリボ核酸**）が入っています。体の中のどの細胞をとっても、入っている DNA は同じです。ただし体の中のどこの細胞かによって、DNA の働いている部分が異なると考えられています。

DNA という分子が、親から子へ**遺伝情報**を伝える役割をする分子だということは聞いたことのある人も多いと思います。次ページの図の左側のように、直鎖状の高分子 2 本が相互作用して二重のらせんを作り上げています。この 2 本の高分子それぞれを、12.6 節で学んだように、主鎖に側鎖がついた高分子ととらえてください。主鎖は、「酸素が入った 5 員環に炭素が一つ出た構造（デオキシリボースと呼ばれます*16）」と「リンと酸素でできた構造（リン酸と呼ばれます）」の繰り返しでできています。側鎖の部分は、デオキシリボース部分にくっついていることが分かると思います。側鎖はアデニン（A）・チミン（T）・グアニン（G）・シトシン（C）と 4 種類あるのですが、いずれも窒素を含む化合物で、**核酸塩基**と呼ばれています。

次に、これら 2 本の高分子の相互作用について確認します。相互作用は、側鎖同士が水素結合をすることによって成り立っています。アデニンとチミンの間には N−H…N と N−H…O という 2 本の水素結合、グアニンとシトシンの間には N−H…N が一つと N−H…O が二つで合計 3 本の水素結合ができます。このように、塩基がペア（対）になったとき、

*16　デオキシリボースは、リボース分子から酸素が一つとれた構造です。リボースは、糖の一種です。

HO　O　OH
HO　OH
リボース

HO　O　OH
H　OH
デオキシリボース

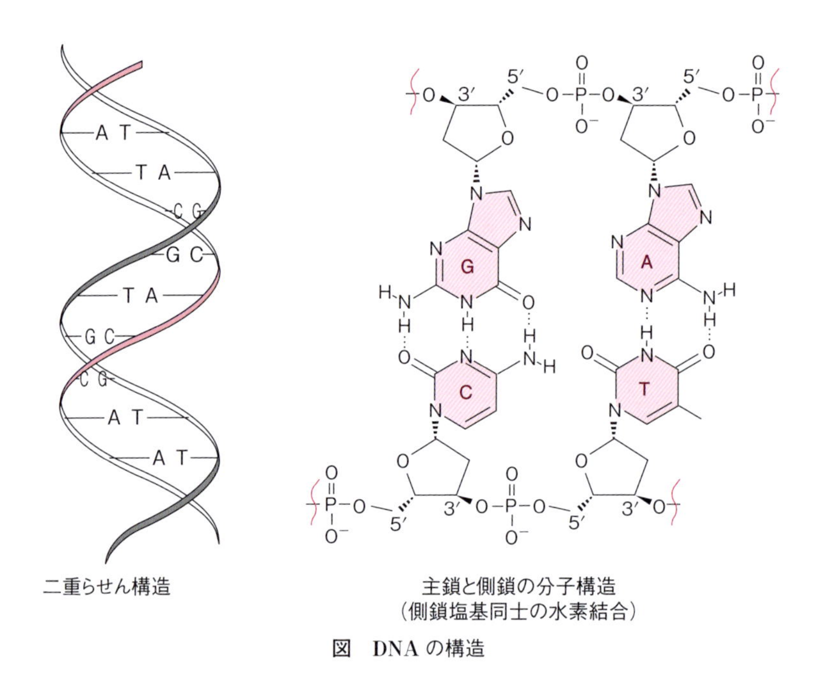

図　DNA の構造

これを**塩基対**（えんきつい）と呼びます。DNA 全体の図を見ると、二重らせんの間に階段のように塩基対が見えます＊17。

＊17　核酸塩基の構造を見ると、窒素（N）がたくさん見られます。N の入った化合物は、有機化合物の塩基としては典型的なものです。

上の図を見て、直鎖状の高分子が 2 本見えましたか？　それぞれの高分子の側鎖が見えましたか？　側鎖と側鎖の相互作用が見えましたか？

アデニン（A）・チミン（T）・グアニン（G）・シトシン（C）の 4 種類の塩基がどのような順番に並んでいるかということこそが、DNA に書き込まれている情報です。

DNA に書き込まれた情報が読み出されるとき、一時的ですが、二重らせんは部分的にほどけた状態をとります。このようなことができるのも、2 本の高分子鎖の間の結合が通常の共有結合ではなく、容易に結合したり離れたりできる水素結合だからです。

遺伝情報という、生命の根幹に関わるような部分の分子構造の話です。ものすごい話ですけど、分かった気になってしまいましょう。

19.6　その他の構造としての骨など

骨は、リン酸カルシウムを多く含む物質で、ヒドロキシアパタイトと呼ばれるものでできています（発展学習 14.5（p. 61）参照）。つまり、19.5 節までで説明した有機物とは異なり、無機物を主としてできあがっているものになります。有機物ではないから燃え残るんですね。

歯は、骨と見た目がよく似ています。一番外側にエナメル質があり、内側に象牙質やセメント質があるそうですが、いずれもヒドロキシアパタイトを主にできあがっています。本質的に骨と同じということですね。

これらに対し、牛などの角(つの)、鳥のくちばし、魚の鱗(うろこ)などは、かなり硬い印象があり、骨に類似の物質と思いがちですが、ケラチンと呼ばれるタンパク質でできているそうです。爪(つめ)や頭髪もタンパク質でできています。これらは有機物ですから、もちろん燃えます。

地面の中から化石として発見されるのは、骨や歯が圧倒的に多いと思います。角、くちばし、鱗、爪、頭髪などは、条件が非常に良くなければ残らないということなのでしょう。

有機物以外の無機物成分としては、一定の形を持ちませんが、電解質成分が重要です (14.1 節で学びました)。血液には NaCl などの電解質成分が溶けており、重要な役割を果たしています。塩分は、とりすぎても不足してもいけない大切な成分なのです。

発展学習

19.1 デンプンとセルロースは、どちらもグルコースがまっすぐにつながった構造を持つ高分子です。しかしながら、つながり方が少し違います。つながった部分での切れやすさも違ってきます。ヒトはデンプンを消化して栄養として吸収できますが、セルロースは分解できません。つながり方の違いを調べてみるのもよいでしょう。化学の初心者には少しむずかしいですよ。→ポイント解説あり (p. 109)

19.2 糖の一種にシクロデキストリンと呼ばれる分子があり、食品分野や化粧品分野、さらにその他の分野でも利用されているようです。調べてみるとおもしろいですよ。

19.3 動物性タンパク質と植物性タンパク質という言葉を聞きます。どちらの生物もタンパク質が構成要素の一つになっているんだなと感じさせます。動物の筋肉はタンパク質なので、植物より動物の方がタンパク質をたくさん利用しているように思えます。

19.4 アミノ酸は周囲の条件によって、少しだけ構造を変えることがあります。水溶液で酸性が強い場合には、$-NH_2$ の部分が $-NH_3^+$ となります。逆に、塩基性が強い場合には、$-COOH$ の部分が $-COO^-$ になります。

19.5 アミノ酸からできあがるタンパク質の構造には、$-(C=O)-NH-$ の構造が繰り返し現れます。この部分は、水素結合をしやすい部分となっています。

19.6 しょうゆ造りでは、タンパク質が分解されてアミノ酸ができる反応が進行しているそうです。そして、アミノ酸の中には、人がうまみとして感じるものがあるそうです。食品化学という分野の話になります。

19.7 てんぷら油を集めて、化学的に処理し、バイオディーゼルを作って、バスを走らせるということが実際に行われています。バイオディーゼルとなったものは、どのような分子構造を持つのか、調べてみましょう。
→ポイント解説あり (p. 109)

19.8 石油は、生物の死がいが長い年月をかけて変化してできあがったものと考えられています。生物由来なら、石油に N や S が含まれていることはうなずけます。石油に N や S が含まれていると、これを燃やしたときに大気汚染の原因となる NO_x や SO_x が出ます (22.2 節参照)。

第20章 生命において見られる反応

生命に関係した基本的な反応を知ることは、化学で得た知識を生命関係の問題に役立てるための第一歩です。健康はもちろんのこと、スポーツにおける良いパフォーマンスについても、これらの理解の基礎のうえに成り立っています。

生体内の反応を大きく二つに分けてとらえましょう。「食品を分解吸収し、からだを作る材料と活動するためのエネルギー（を運ぶ化合物）を得る反応」と、「この材料とエネルギーを使って、からだに必要なものを合成したり、運動などの活動をしたりする反応」です[*1]。

*1 例えば、分解しやすければ、エネルギーを取り出しやすい、急激な運動に利用しやすい、となります。

20.1 酵素

生物のからだの中で起こっているさまざまな反応を学ぶ前に、酵素について学んでおきましょう。

反応の進行を助け、その速度を速める役割を果たす物質である「**触媒**（しょくばい）」について、11.4節の側注で学びました。生体中において働いている触媒は「**酵素**（こうそ）」と呼ばれています。生体中での反応のすべてに酵素が関わっているといっても過言でないほど、多様な酵素が働いています。

酵素のイメージをより確かなものとするために、ヘキソキナーゼを例として見てみましょう。ヘキソキナーゼは、グルコースをグルコース-6-リン酸に変える反応を触媒します[*2]。生物のすべての細胞に存在すると考えられています。酵母という菌の中で働いているヘキソキナーゼの場合、その分子量は10200とされていますので、反応対象であるグルコース（分子量180）と比較して、かなり大きな分子であることが分かります。一般的に、酵素は主にタンパク質からできています[*3]。

*2 糖からエネルギーを取り出す一連の反応の最初の反応で働いています。

*3 インターネットでヘキソキナーゼを検索して、そのイメージを見てみましょう。

20.2 食べ物の分解と吸収

第19章で生命を形作る物質を学びました。食べ物はこれらからできていることになります。食べ物を腸で吸収するためには、腸の壁を通して吸収できるように、小さな分子であることが必須です。デンプンなどの糖やタンパク質は高分子でしたから、これらをまず低分子化（モノマーへと分解）する必要があります[*4]。脂肪の場合は、高分子ではありませんが、19.4節で学んだように、典型的脂肪は加水分解されると四つの部分に分かれますので、これで吸収されやすくなります。

*4 多糖から単糖への反応、タンパク質からアミノ酸への反応、脂質から脂肪酸などへの反応、となります。

腸壁を通り抜けた化合物は、その後、からだの中でさらに反応し、生命活動のためのエネルギーやからだを作る材料を生み出すために使われます*5。最終的に不要となったものは、廃棄されます。

20.3　エネルギーを運ぶ化合物 －ATP－

生体で必要なエネルギーの典型的なものは、筋肉を動かすエネルギーと、エネルギーなしでは実現することができない生体内の化学反応（からだを作る化学反応も含めて）を進行させるためのエネルギーです。そこでは、2種類の化合物が重要な役割を担っています。**ATP**（エーティーピー）（エネルギー通貨といわれます）と**NADH**（エヌエーディーエイチ）（およびその類似体である**NADPH**）です。

ATP（アデノシン三リン酸）は、下の図の分子です*6。この分子は、加水分解反応すると、無機のリン酸を放出してADP（アデノシン二リン酸）となります。このとき、大きなエネルギーを放出します。ここで切れる結合は、高エネルギーリン酸結合といわれます。

図　ATP

ATPは、からだの中でエネルギーを生み出す反応系として最も重要である**解糖系**（かいとうけい）、**TCA回路**（ティーシーエーかいろ）（酸素呼吸をする生物全般に見られる）*7、**電子伝達系**（でんしでんたつけい）と呼ばれる3種類の反応系で主に作られます。食物として取り入れられた複雑な化合物が単純な化合物へと分解される過程で、もとの化合物の中にあった化学エネルギーがATPの中の化学エネルギーへと移されます。さまざまな化合物の中にある化学エネルギーを、いったんすべてATPという化合物の中の化学エネルギーに変えて使いやすくするわけですね。そして必要とされるところで使います*8。

次は、ATPを使う話です。第一は、筋肉の収縮です。ATPがエネルギーを供給します。動物にとってはとても大切な反応であることは間違いありません。（そのメカニズムはかなり複雑で、本書の中で説明するのは適当ではありません。）筋肉の収縮が起こると、化学エネルギーが力学的エネルギーに変換されたことになります*9。

第二は、体の中の反応におけるATPの利用です。例えば、体の中では、一つのアミノ酸から別のアミノ酸が合成される反応がしばしば行われていますが、その反応にもATPが使われています。次ページ上の反応は、グルタミンからアミノ基をもらいながら*10、アスパラギン酸からアスパラギンを作る反応で、この反応を進めるためにATPのエネルギーが使われます*11。このように、ATPの助けを借りながら行われる反応が、体の中にはたくさんあるのです。

*5　豚肉を食べると豚になるといわれたことありませんか？　豚肉は豚肉ではないところまで分解されてから吸収されますので、ストレートに豚になることはありません。

*6　右上部分がアデニンでなくグアニンになったGTP（グアノシン三リン酸）という化合物が、時折、ATPの代わりに働いていますが、GTPはATPと同様の化合物で、同様の反応をして、同様の役割を果たす分子とされています。

*7　TCA回路は**クエン酸回路**とも呼ばれます。

*8　ATPの合成の話はかなり複雑ですので、省略します。興味のある人はインターネットで調べてください。

*9　100%の効率で変換されるわけではないので、当然のことながら、熱となる部分が発生します。結果として、体温の上昇が起こります。

*10　グルタミンは、NH_2を失ってグルタミン酸になります。

*11　この反応で使われる酵素は、アスパラギンシンテターゼです。

*12　-COOH の部分は H が解離した -COO^- の形で描かれています。

*12

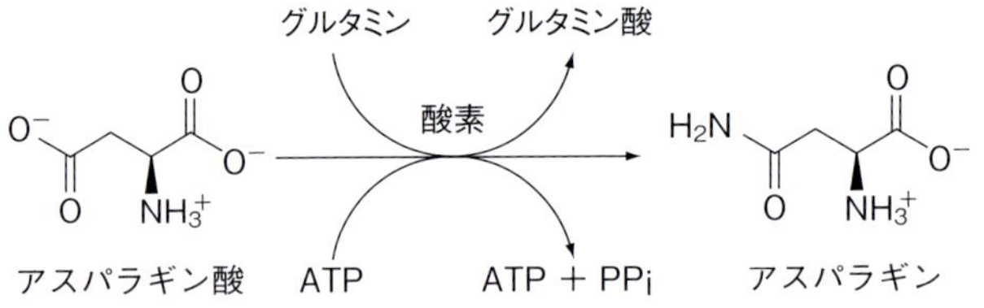

グルタミン　グルタミン酸　酸素

アスパラギン酸　ATP　ATP + PPi　アスパラギン

20.4　エネルギーを運ぶ化合物 －NADH－

生体内でエネルギーを運ぶもう一つの重要な化合物は、NADH（還元型ニコチンアミドアデニンジヌクレオチド）です[*13,14]。ほとんど同じ構造を持つ別の化合物に、NADPH（還元型ニコチンアミドアデニンジヌクレオチドリン酸）があります。NADH と比較して、リン酸エステル部分がついているだけです。

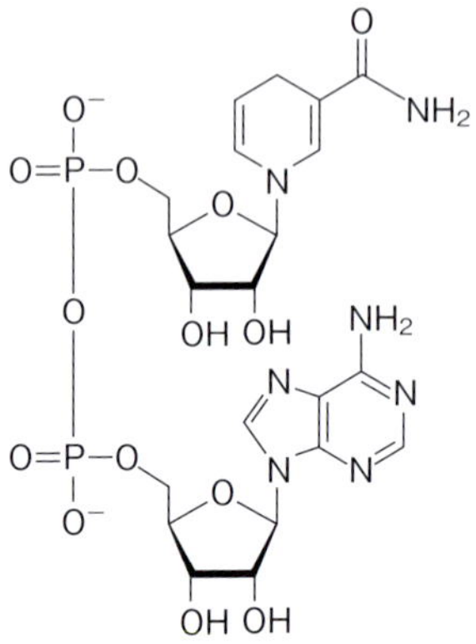

図　NADH

これらの分子の反応は、下の式に示す部分で起こり、NADH でも NADPH でも同じ反応です。1個の H^+ と2個の電子を放出する反応をします（「相手に水素を渡す」と覚えれば当面は充分です）。その結果、強い還元力を示します。

反応後の化合物は NAD^+、$NADP^+$ と表現されます。NAD^+ や $NADP^+$ は、水素と電子を受け取る反応をしてもとに戻ります[*15]。

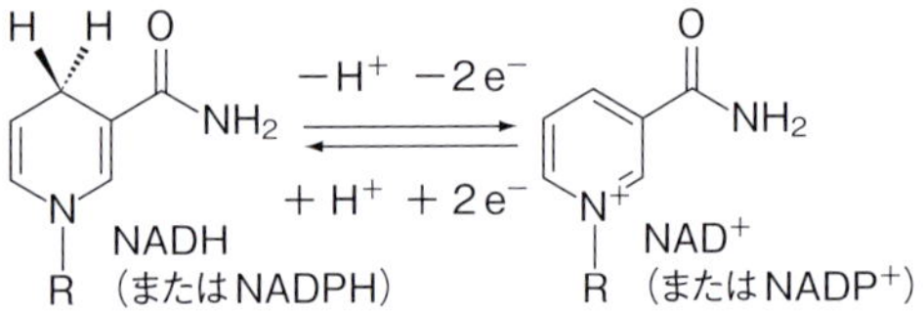

$-H^+$ $-2e^-$ / $+H^+$ $+2e^-$

NADH（またはNADPH）　NAD^+（または$NADP^+$）

*13　他書では酸化型を中心に書いていることが多いのですが、本書ではより多くのエネルギーを有する構造として、ATP と ADP では ATP、NADH と NAD^+ では NADH を優先して記述するように統一しています。

*14　NADH は ATP を合成するためにも使われます。

*15
酸化する：相手に酸素を与える、または、相手から水素を奪う
還元する：相手から酸素を奪う、または、相手に水素を与える

具体的な反応を見てみましょう。左辺から右辺への反応は、NADH がオキサロ酢酸を還元してリンゴ酸を作り出す反応です。右辺から左辺への反応はその逆反応で、このような反応で NADH が作られる反応も生体内で見られます。

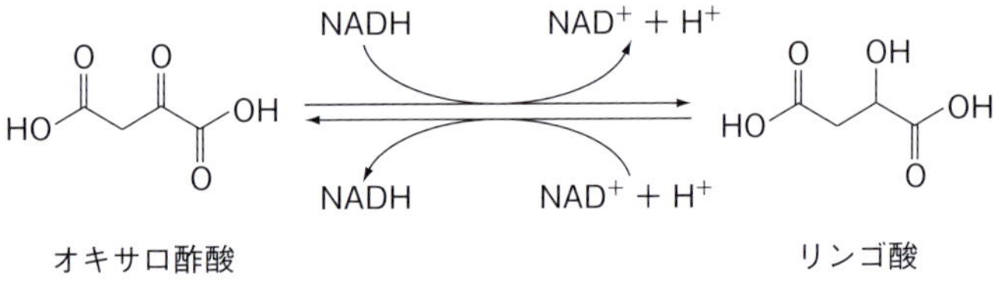

NADH　$NAD^+ + H^+$　NADH　$NAD^+ + H^+$

オキサロ酢酸　リンゴ酸

このように、NAD(P)H はエネルギーを運ぶ化合物であり、同時に、強い還元力で反応を起こす化合物です[*16]。生体内で起こる酸化還元反

*16　NADH（NADPH）と似た役割を果たす化合物に、$FADH_2$（フラビンアデニンジヌクレオチド）がありますが、ここでは省略します。興味のある人は調べて、水素がついたり離れたりする反応をすることを確かめてみるのもよいでしょう。

応において、水素を与えたり受け取ったりして反応を助けます。食物として取り込まれた化合物の H は最後には O_2 に渡され、H_2O（水）を生じます。

20.5　からだに必要な物質を作る反応

からだは糖・タンパク質・脂肪（三大栄養素）を中心としてできていますので、これらを作るメカニズムがからだには必要です。これらの材料となるものが、からだにちょうど必要な量だけ、食べ物からバランスよく得られるとは限りません。たくさん食べて必要な分だけ使ってあとは捨てる、というのも一つのやり方かもしれませんが、捨てるのはもったいないですね。そこで、からだの中では、ある程度、一つのものから別のものが合成できるようになっています。

例えば、タンパク質の構成要素であるアミノ酸は 20 種類もありますから、一つのアミノ酸から別のアミノ酸を作る反応もある程度行う能力があります[*17]。また、肉食だとタンパク質を多くとることになりますが、これだけですと糖が不足しますから、タンパク質から糖を作る反応も行う能力があります。タンパク質を構成するアミノ酸にはアミノ基が入っていますが、糖にはアミノ基も、その中の N も必要ありません。ですから、アミノ酸からアミノ基をはずし、糖を作っていく化学反応が行われます。

＊17　からだの中で作れないアミノ酸が、必須アミノ酸でした（19.2 節参照）。

タンパク質（高分子）の合成では、もっと別の重要な点があります。タンパク質を構成するアミノ酸は 20 種類ありますが、これらは決められた順番につながれていくのです。細胞の中にある「核」と呼ばれる部分に高分子の設計図（遺伝情報）が納められているのですが（19.5 節を参照してください）、これが読み出され、設計図通りにアミノ酸が結合されます。

20.6　光 合 成

最後に、植物独特の反応である**光合成**（こうごうせい）について見てみましょう。食物連鎖から考えて、地球上のほぼすべての生命は、この光合成の反応に依存していることになります。ゆえに、私たちにとって、このうえなく重要な反応ということができます。

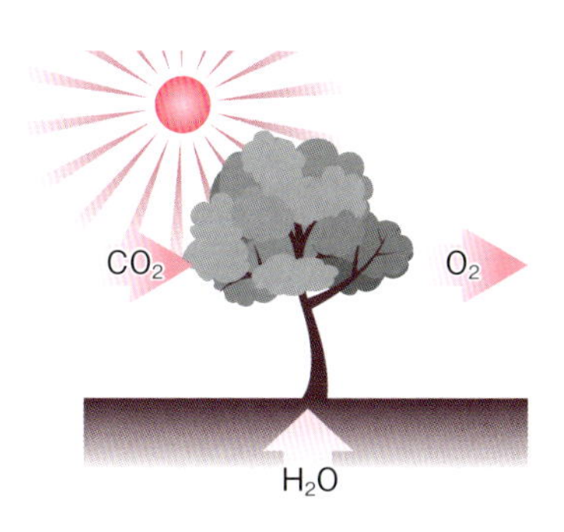

植物は、その光合成において、「光エネルギーを利用して、二酸化炭素と水から、炭水化物（たんすいかぶつ）[*18]と酸素を作る」という表現がよくされます。

$$m\mathrm{CO_2} + n\mathrm{H_2O} \xrightarrow{\text{光}} \mathrm{C}_m(\mathrm{H_2O})_n + m\mathrm{O_2}$$

この光合成の全体の反応は、光を使って ATP と NADPH を作り出す

＊18　炭水化物は糖質のことだと考えてください。

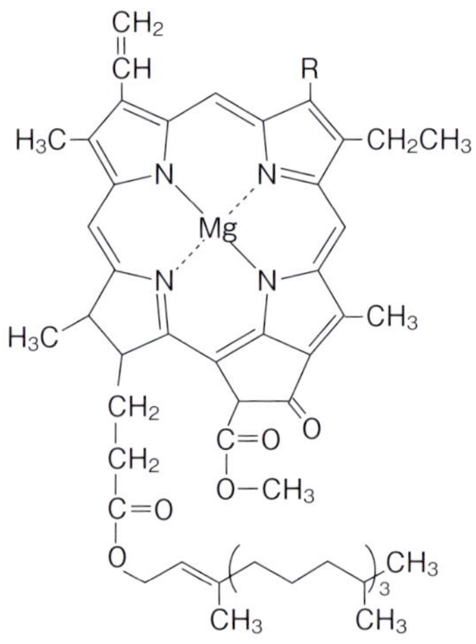

明反応と、これらの化合物が持つ化学エネルギーや還元力を使って二酸化炭素から糖を作り出していく**暗反応**（光がなくても進行する）とで構成されているとされています。

動物の場合、食物の持つ化学エネルギーを利用して、ATP と NAD（P）H を作り出しているわけですが、植物はこれを光のエネルギーを利用して作り出していると分かります。このようにとらえると、動物と植物のからだの仕組みに共通点を感じられるようになると思います。

明反応では、あの有名な緑色の化合物「**クロロフィル**」が活躍しています。暗反応では、二酸化炭素から糖を合成していく系は、「カルビン回路」と呼ばれています。光合成のシステムは、化学の初心者が学ぶには複雑すぎます。光エネルギーを化学エネルギーに変換する部分を理解するためには、「光化学」や「電気化学」と呼ばれる学問を充分に理解する必要があります。まずはキーとなる化合物の構造を知り、その理解の第一歩としましょう。

クロロフィルの分子構造

発展学習

20.1　酵素は、緻密に作り上げられた形を持つタンパク質です。このため、この構造を壊してしまうことにつながる環境には弱いという性質があります。どんな環境でしょう。→ ポイント解説あり（p. 109）

20.2　クロロフィル分子（緑色の分子）にはマグネシウム（Mg）が含まれています。この情報のみから判断する限りは、食品（野菜）から Mg を摂取するには、根菜の類ではなく、緑色の葉っぱなどの部分を食べるのが有効だとなります。→ ポイント解説あり（p. 109）

20.3　植物の栄養剤（活力剤）にはアミノ酸が含まれているそうです。植物は、通常、土壌から無機の栄養を吸収して、アミノ酸は体の中で合成します。もし、根からアミノ酸を吸収できてしまったら、弱っているときには、楽ができて元気が出そうな気がします。

20.4　食べ物を分解する酵素として、口の中で分泌される唾液に入っているアミラーゼが有名です。これは、「炭水化物分解酵素」の一種です。ここまで読んだときに、他に、「タンパク質分解酵素」、「脂肪分解酵素」もあるはずだと想像できる人は、かなり考える力がついていることになります。

20.5　植物は、からだを作り出すための原料として二酸化炭素を取り込んでいます。当然ながら、二酸化炭素がたくさんあれば、植物は成長が速いのではないか？　と考えることができます。実際、レタスなどの生産を行っている植物工場では、空気中の二酸化炭素濃度を高く保つようにしています。光合成の速度を速める効果が確認されています。

20.6　恐竜の時代には、現在の植物とは比べ物にならない巨大な樹木もあったといわれます。大気中の二酸化炭素濃度も、今よりずっと高かったと考えられているようです。

20.7　ATP は、地球上の生物がみな利用している物質です。ですから、宇宙の生物探査において、ATP を使う生物に出会ったら、それは地球型生物に出会ったことになります。

第8編　環境化学

化学の理解なくして、環境の真の理解はありません。節電やゴミの分別をすれば、環境への貢献はできます。ゴミの分別をすればメリットがあるような社会システムを作れば、すべての人が環境へ貢献できます。しかし、環境をよくするために何が有効かをその本質から議論できるのは、化学を学んだ人のみです。化学を学んだ人には、ぜひとも環境に関わる分野においても活躍してほしいと思います。限られた大きさの地球に多くの人が住むようになり、私たちは環境に配慮しながら生きねばならない時代を迎えています。化学を学び、環境をその原理から理解する人が、重要な役割を果たすべき時代といえるでしょう。

すでに学んだ気体・液体・固体の知識などを大切にして、環境を理解していきましょう。

第21章　環境のなりたち

環境の多様な見かけに惑わされず、きちんと化学の目でとらえるところから始めましょう。見回せば、気体・液体・固体が目に入ると思います。大気圏(たいきけん)・水圏(すいけん)・陸圏(りくけん)を、気体・液体・固体の性質をもとに理解するということです。

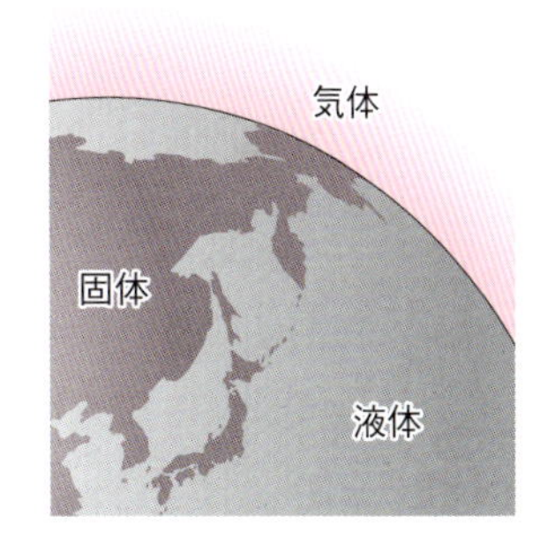

21.1　大気の組成 －気体としての理解－

大気は、約 80% が窒素、約 20% が酸素と理解していれば充分です。大気には水蒸気も含まれており、その割合はかなり大きく変化する（これが変化すると、他の成分の数値も変化することになる）ので*1、細かい数値を覚えても意味がありません。あとは、最近話題になっている二酸化炭素が、約 0.04%（約 400ppm）含まれていることを覚えておきましょう*2。

重い気体は下に沈み、軽い気体は上に上がる、という原則もありますが、地表に近い部分の大気は、かなりかき混ぜられており、その組成(そせい)は一定の高度までほとんど変わらないとされています。地表から高度約 10 km までの大気のこの部分は、**対流圏**(たいりゅうけん)と呼ばれています。

地球の自転の影響もあり、地表では、よく風が吹いています。偏西風(へんせいふう)のような地球規模の大きな空気の流れや、海風・陸風といった局地的な流れもあります。これらの話では、水平方向の空気の移動が強調されますが、大気は垂直方向にも移動しています。空気は太陽によって温められた地表面や海面で温められます。温められた空気は膨張し、一定の体積あたりでは軽くなり、上昇します。高気圧では、空気が圧縮されて重くなっていますから下降気流が、低気圧では、その逆で上昇気流が起こ

*1　比較的正確な数値が必要なときは、乾燥空気の組成を考えます。

*2　大気にはアルゴン（Ar）も約 1% 含まれていますが、話題に上ることはまれです。

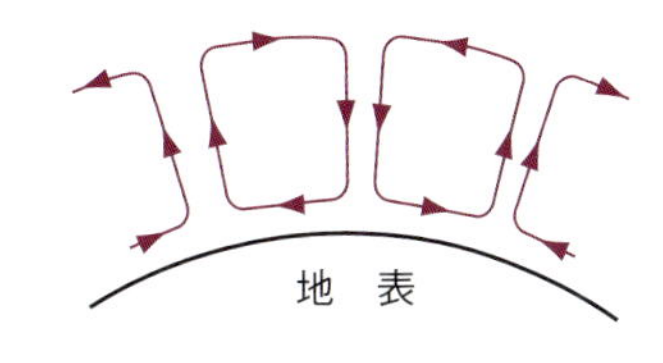

対流のイメージ

ります。

21.2　大気の組成変化 －二酸化炭素－

21.1節で学んだ大気の組成は、絶対に変わらず一定のものなのでしょうか？　答えは「NO」です。

大気の成分の中では、二酸化炭素の濃度変化が注目されています。大気中の二酸化炭素は、**温室効果ガス**の一つとされており、大気中の濃度の上昇が心配されています。二酸化炭素の温室効果によって地球温暖化が引き起こされているとする説については、マスコミによる報道では、これに疑問の余地はないように伝わってきますが、科学者の間では意見が分かれています。いずれにせよ、二酸化炭素は大気の重要な一成分ですから、その濃度が急激に変化していることは、「好ましくない何かが起こるのではないかと注意すべき問題であること」には間違いありません。

二酸化炭素は、生物の呼吸および有機化合物（自然由来の木や石油由来のガソリンなど）の燃焼に伴って発生する他、火山ガスの成分としても大気中に放出されています。大気中から取り除かれるメカニズムとしては、植物の光合成の他、海への溶解が重要であると指摘されています。

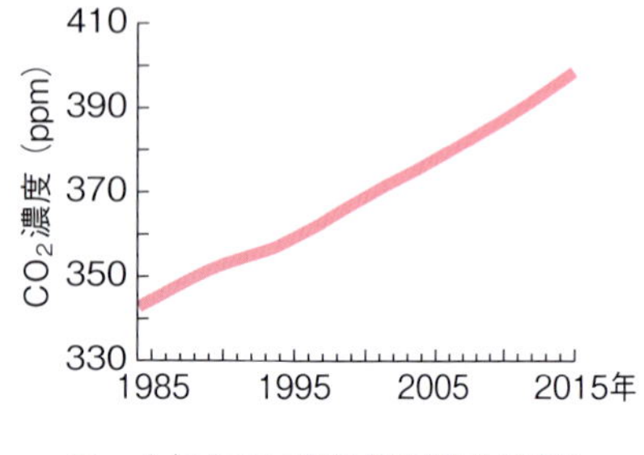

図　大気中の二酸化炭素濃度の変化
（気象庁ホームページより作図）

石炭・石油・天然ガスを大量に燃焼させている現代社会は、年々非常に多くの二酸化炭素を大気中へ放出しています。産業革命以前（1950年ごろ）には280ppm（0.028%）であったと推定されているものが、現在は急激に増加しており（左図）、2017年には約400ppm（0.04%）となっています。最近はほぼ直線的に増加しており、5年で10ppmぐらいのペースとなっているようです。建築物の衛生的環境の確保に関する法律（ビル管法）では、1000ppm以下が求められています。現在の400ppmという数字を評価するうえで、参考になる値です。

二酸化炭素の濃度が年々変化していることは上に書いたとおりです。では、酸素はどうでしょう。たくさん石油などを燃やしているということは、たくさん酸素を消費していることに他なりません。しかし、酸素は大気中にたくさんあるので、その減少が一般で話題になったことは、今のところありません。

21.3　成層圏にあるオゾン層

対流圏の上の領域は**成層圏**（せいそうけん）と呼ばれます。成層圏にあって注目されているものに**オゾン層**があります。オゾン層は地上の生物を有害な紫外線から守るものとして重要であり、オゾン層におけるオゾン濃度の増減が注目されているのです[*3]。

*3　O_2からO_3が作られるとき紫外線が使われ、地表に届く有害な紫外線が減ります。また、オゾン層のオゾンにより紫外線が吸収され、地表に届く有害な紫外線が、さらに減ります。

オゾンはO_3と表される分子ですが、次の反応により、常に作られています。

$$O_2 \xrightarrow{\text{光}} 2O$$
$$O + O_2 \longrightarrow O_3$$

通常の酸素（O_2）が、紫外線により、原子状の酸素（O）になります。このOがO_2と反応して、オゾン（O_3）ができます[*4]。一つめの反応は、光が関わるので光化学反応といわれます。光は波の性質を持っていますので、波長を決めることができます。上の反応（O_2の光による解離）を起こす光の波長は、あまり明確にされていないようですが、通常、強い紫外線と表現されています。可視光は380～780 nm[*5]とされていますので、380 nm以下の波長を持つ光（紫外線）になります。このように、紫外線は酸素からオゾンを作るのに使われて、どんどん少なくなります。オゾンが盛んに作られる高度をオゾン層と呼びます[*6]。

できたオゾンは、地表で生活する生物を有害な紫外線から守る役割を果たしています。

オゾンホールとは、南極や北極といった極地方においてオゾン層のオゾン濃度が低下する現象のことです。宇宙からの観測結果を絵にすると穴が開いたように見えるので（右図）、こう呼ばれています。

*4　O_2とO_3は**同素体**の関係にあります。（同素体とは、同じ元素からなる単体（2.6節参照）で、性質が異なるもの同士のことです。）

*5　nm（ナノメートル）は1×10^{9} mです。1 mmの1000分の1のまた1000分の1になります。

*6　地表にも酸素はありますが、充分なエネルギーを持つ紫外線が大気の上層部で消費されて地表付近では少なくなっているので、オゾンは地表ではたくさん作られることはありません。

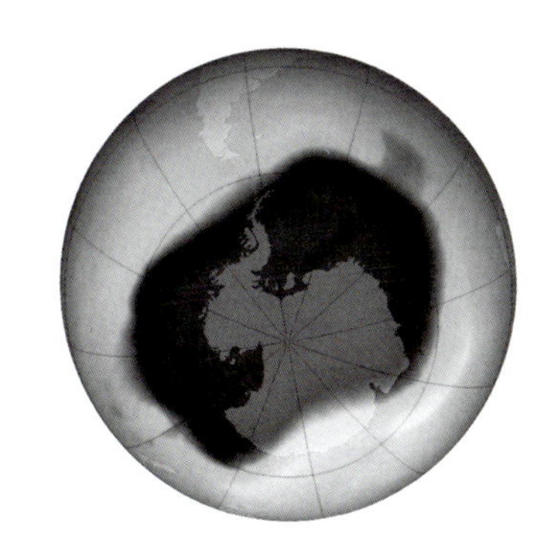

オゾンホール（©NASA）

21.4　大気（気体）の中にある液体や固体

環境を深く理解するためには、大気を気体だけの観点でとらえていてはダメで、その中には小さな液体や固体が浮遊している、というとらえ方が大切です。

雲は水滴や氷の粒ですから、液体や固体であっても小さなものなら大気中を漂うことができ、空気の流れによって運ばれることが分かります。また、**酸性雨**という雨があることから（22.3節参照）、浮遊している水（液体）が別のものを溶かし込むような現象まで起こることが分かります。

ホコリ（固体）が舞い上がる、煙が上がる、花粉が飛ぶ、風で砂が飛んでくる、など、生活の中でも体験しています。中国から日本まで黄砂が飛んできていることも、天気予報で報じられています。固体は液体のようには簡単に他の物質を溶かし込みませんが、その表面にさまざまな物質を付着させて運んでいくという点が見逃せません。

福島の原子力発電所の問題においても、この考え方は重要です。テレビなどの報道で話題になったセシウムは、簡単には気体や液体にはなりませんから、固体の状態や別のものに付着した状態で、大気中を運ばれていたことになります。

大気汚染関係の言葉に「**光化学スモッグ**」があります[*7]。有害物質が

*7　スモッグ（smog）は、smoke（煙）とfog（霧）からできた言葉です。

第8編　環境化学

霧のようになって、大量に空気中に漂う現象です。

21.5　水圏：川・湖・海 －液体としての理解－

川・湖・海にある水は蒸発し、気体（水蒸気）となって大気の一部となります。これが冷やされると雨などとなって地上に戻り、さまざまな道を通って海へとたどり着きます*8。もちろん、海へたどり着く前に蒸発して大気中へ戻っていく部分もあります。水が自然界の中を循環しているといわれるゆえんです。これに付随して重要なのは、さまざまな物質を溶かし込んできた水が、この蒸発の過程できれい（純粋）になっているということです*9。最近では、海水温の上昇がしばしば話題になります。海水温の上昇は、水の蒸発量を増やすように働きます。その影響で、雨が増えて、気候が変化すること、台風が巨大化することなどが指摘されています。

*8　化学の実験操作でいうなら、蒸留に相当するととらえる人もいるでしょう。

*9　水圏の理解では、液体や溶液の性質を思い出しましょう。

海は、大変大きな水たまりです。そこでは、大気に対流があるように、暖流や寒流などの海流と呼ばれる流れがあることがよく知られていますが、大気と同じように、上下方向（深度方向）の対流も大切です。最近では、深海の海流も重要であることが指摘されています。北極へ流れていった海水は、氷で冷やされて重くなり、深く沈んでいくといった流れが考えられます。

さまざまな海水は、基本的にはだんだんと混ざるわけですが、温度などの影響もあり、意外と混ざらない流れもあるようです。大気の成層圏とは違いますが、層を形成しているといってもよいような部分もあることが知られています。

21.6　川や海の水など（液体）の中にある気体や固体

水が固体だけでなく気体も溶かし込むことは、すでに学びました（11.2節参照）。海の中に溶けている気体を考えましょう。まず、生物にとって最も重要な酸素です。

海の中で魚などの生物が生きていられるのは、海水に酸素が溶け込んでいるからに他なりません。酸素は、主に、空気中から溶け込むか、光が届く浅い海中で行われる光合成によって供給されます。ということは、深海へ行くと、酸素濃度は低くなります。生物の呼吸や、有機物が腐ったりすることで消費されるからです。こう考えると、水深1万メートルを超える深海に生物がいるというのは、大変な驚きだと分かります。

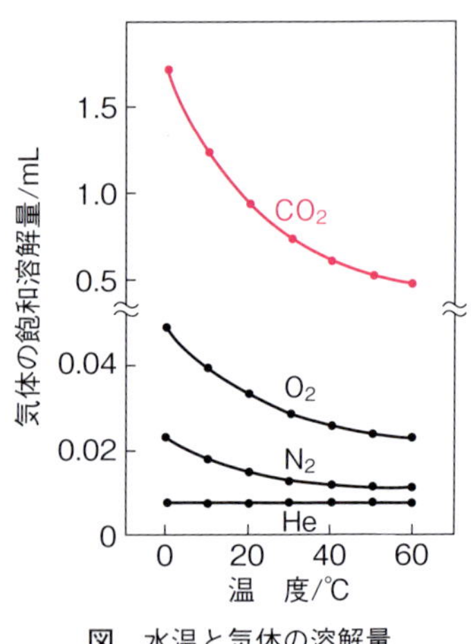

図　水温と気体の溶解量

二酸化炭素は水の中にかなり溶けます（左図）。海は、大気中の二酸化炭素を吸収して減らしてくれるといわれています。一般的な気体は、温度が低い方が水にたくさん溶けますから、海水温が上がると、溶けていた気体が大気中に出てくることもあるはずなのですが、そのような話題はあまり聞きません。

水はさまざまなものを溶かし込みます。大気（空気）よりも、もっと多くの物質を運ぶと考えてよいでしょう。自然の中を流れてきた川の水は、きれいな水やおいしい水としてのイメージが強いのですが、岩から溶け出した成分や、森林で生み出された恵みを含んでいるとの考え方も大切といわれています。沿岸部の豊かな海は、そこに流れ込む山からの水に支えられている、海と山はつながっている、といった考え方が、だんだんと広がってきています*10。山の森林伐採が、豊かな海をダメにしてしまったと理解されているような事例もあるようです。

人の活動域を流れる川は、場合によっては、農薬や生活排水、工場廃水を溶かし込んで運びます。この水が処理されなければ、そのまま海にたどり着きます。現代の都市などでは、そのまま海に流れ込むことが望ましくない水をきれいにするため、大変なエネルギーを消費しているといわれています*11。

大気に比べると、海は理解がむずかしいのかも知れませんが、その重要性は計り知れないものがあります。

*10　別の見方をするならば、陸に近い海と陸から遠い海では、違うということになります。陸から遠い海では鉄分が不足し、植物性プランクトンの成長が制限されるといった報告もあります。

*11　下水処理場（げすいしょりじょう）ではたくさんのエネルギーを使っているそうです。

21.7　陸圏 －固体としての理解－

環境の観点から重要なとらえ方は、無機物と有機物からなるという理解です。岩石や砂は無機物ですが、土は、かなりの部分が有機物です。ホームセンターなどに腐葉土（ふようど）という土が置いてあったりしますが、名前から分かるように、主に葉（有機物）が腐って土のように変化したものです。このことから、土といわれるもののかなりの部分が有機物からなることを納得できるでしょう。

少し深い地中では、岩ばかりという感じになります。石炭などの有機物もところにより存在しますが、ほとんどは無機物の岩というイメージを持っていてよいでしょう。地中深くでは地熱の影響で高温となり、岩が融けて流動性を持つ場合もありますが、それ以外の部分では、流動性は認められません。しかし、長い時間で見れば、陸や岩などもダイナミックに動いています。地震が起こるのも、これが原因といえます。

豊かな土地というのは、多くの場合、有機物が豊富な土地を意味しているようです*12。雨は、たくさんの土を海へと流していきます。豊かな土地を削り取っていくことに相当します。海辺から山へ栄養を戻す役割を果たしているものとして、鳥の存在をあげる人がいます。

園芸用腐葉土

*12　微生物の重要性を指摘する人もいます。

21.8　大地（見かけ上固体）の中の気体や液体

＊13　畑を耕す目的の一つは、空気を含ませることだといわれます。

土の中には空気があって、根は呼吸しています[＊13]。土の状態により、空気や水の含まれ方が違うのはもちろんです。

地面の下には、地下水が流れています。日本では、昔は井戸がたくさんありました。地面の下にたくさんの水が流れていることの現れです。地下にも、川や湖があるとされます。これらの水も海へと流れていきます。陸と海をつないでいます。

また、土の中には、天然ガス（気体）・石油（液体）・石炭（固体）が溜まっているところがあります。気体や液体が溜まるためには、岩石の性質が重要な役割を持っているようです。孔のたくさん開いた多孔性の岩は、ガスや液体が溜まる場所となります。また、気体や液体を透(とお)さない緻密(ちみつ)な岩は、天然ガスや石油が地上へ逃げ出さずに溜まるメカニズムと関係しています。

発展学習

21.1　オゾン層を破壊するフロンガスがかつて話題になりました。**フロン**とは、フッ素や塩素を含む有機化合物の総称です。典型的な化合物を一つあげるなら CCl_2F_2 です。この分子の分子量は120.91ですから、空気の平均分子量28.8と比べると、かなり重い気体ということになります。地表で使用されて大気中に放出されたフロンガスは、軽い分子と比べるならば、長い時間をかけてオゾン層に到達すると考える人もいます。

21.2　氷（固体）は水（液体）よりも軽い（比重が小さい）ことで有名です。身の回りでは、水以外の物質では見られないめずらしい性質です。このため氷は水に浮きます。海上の氷が融けても水面は上昇しません。コップに水と氷を入れてこれを融かし、水面の変化を観察すれば分かります。これに対し、陸にある陸氷は、融けて水となり海に流れ込めば海面の上昇をもたらします。地球にある氷の種類を調べてみましょう。→ポイント解説あり（p. 110）

21.3　水素、ヘリウムはとても軽い気体ですが、同じ温度で比較するととても速い（速い速度で飛び回っている）気体と言い換えられます。大気の表面（宇宙側）において、地球脱出速度というものを超えてしまい、毎年、地球から少しずつ失われているといわれますが、大量ではないので、今のところ、大きな影響はないと考えられています。しかし、水素自動車などの水素利用技術が普及すると、水素を大気中にもらす機会が増えます。これは、地球から失われる水素を増やすことにつながります。水素がなくなることは、地球から水がなくなることにもつながると心配している人がいます。

21.4　遠い昔に南極の氷に閉じ込められたものが研究されています。何でしょう？ →ポイント解説あり（p. 110）

21.5　海洋深層水(かいようしんそうすい)が注目されています。どのような特徴や利用方法があるのか調べてみましょう。

第22章 環境問題と化学の役割

今、「地球温暖化」が進行しているといわれています[*1]。「地球温暖化」という言葉は一般の人には分かりやすい言葉かもしれませんが、化学や科学の立場からすると「？？？」です。地球全体の温度のことではないのですが、人が生きている地表付近の温度の上昇をとらえて、このように表現しているということでしょう。また、温度計で気温を測るのは簡単なのですが、地球規模で長年にわたり測定するとなると大変むずかしくなります。ある測定点を設定したとしましょう。今年の4月1日（正午）と来年の4月1日（正午）で気温を比較すると、違いはハッキリ測定結果に出ます。でも、天気が違っていたらどう評価したらよいのでしょう？　地面が舗装されてしまったら？　近くに高い建物ができて風の流れが変わったら？　など、長い年月にわたって測定を続けようとするとむずかしさが増してきます。環境の測定とその結果の扱いには、独特の注意が必要なのです。

この章では、環境関係でよく出てくる話題を化学の立場からとらえてみましょう。

*1　地球温暖化とともに、気象の激甚化（げきじんか）が起こっているといわれます。

22.1　生命に対する有害（無害）性の理解

第一に、「絶対に人に害を及ぼさない化学物質は一つもない」ということを認識する必要があります。酸素について考えてみましょう。足りなければ死んでしまいますが、逆に、空気中の割合が20％でなく100％だったら非常に危険です。火がついたら最後、ものすごい勢いでさまざまなものが燃えることになります。次に、水はどうでしょう。からだの多くの部分は水だとしても[*2]、人は水の中では呼吸ができませんし、水を飲みすぎれば体調がおかしくなります。また、人のからだには、電解質成分がなくてはなりませんが、「塩分のとりすぎに注意」などと、よく警告が発せられています。このように、人を含めたすべての生命は、「適度の量（濃度）の化学物質の環境」の中で生きているのです。

生体に対してどのような影響があるかの問題の扱いにおいては、人によって化学物質に対する敏感さが大きく異なるという点にも注意が必要です。**アレルギー**などの問題がこれにあたります[*3]。さらに、同じ一人の人であっても、生活の変化、年齢の進行、体調などによっても、化学物質への敏感さが変化します。

さて、このような中においてですが、少量であっても明らかに生命活動に不都合を引き起こす物質があり、それらは**毒**と呼ばれます[*4]。自然

*2　血液のうち液体成分のみをみると、水は約90％だそうです。

*3　アレルギー疾患として、アトピー性皮膚炎、アレルギー性鼻炎（花粉症）、気管支ぜんそく、食物アレルギーが有名です。

*4　急性毒性（きゅうせいどくせい）と慢性毒性（まんせいどくせい）という言葉があります。

界にあって有名なものとしては、ヘビの毒、フグの毒、貝の毒、きのこの毒、微生物の毒などがあります。虫にさされると皮膚がはれてきたり、かゆくなったりするというのも、毒の一種ですよね*5。さらに話が複雑になるのは、毒が薬としての役割を果たすような場合です。細菌などを殺す物質（細菌にとっては毒）が、人にとっては薬になったりするわけですからね。

*5　発がん性を示す物質は、通常の毒性や有害性とは区別して、特別な注意がはらわれています。

さらに、物質の環境への蓄積、生体への蓄積の観点が重要とされています。一般的には、水に溶けやすい物質は、毒性を持つ物でも体外へ排出されやすいと考えられています*6。

*6　水銀は髪の毛に含まれて排出されます。からだからの排出は、尿や便によるもののみではないということです。

人が作り出す化学物質、時には自然界にない化学物質、自然界にはない濃度で存在させる物質、については、どのように考えたらよいのでしょう？「毒物及び劇物取締法」をはじめとした法律により、安全確保の体制が整えられています*7。人工的に作られた物質の中には、自然界で分解されにくい物質もあるようです。

*7　化学物質を扱う専門家が持つ資格の一つに、**甲種危険物取扱者**があります。

以上のような点を踏まえ、人が化学物質とうまく付き合っていかれるようにするのは、化学者の役割の一つです。人が火を使うようになり、化学反応を利用するようになってから、人の豊かなくらしと化学物質は切っても切れない縁を持っているのですから。

22.2　大気（空気）関係の話題

21.2節でも学びましたが、大気に関する問題で、今一番耳にするのは、**温室効果ガス**の話でしょう。二酸化炭素は、メタンとならび、**地球温暖化**に影響する温室効果ガスの一つとして知られています。その濃度は、ていねいに測定されています。人や動物がいると呼吸により二酸化炭素が増え、植物がいると光合成をしている昼間は減ると考えられますので、動物も植物もおらず、人間社会からも遠い場所で測定することが必要です。植物の光合成は季節変動も大きいので、季節についても考慮しなければなりません*8。

*8　都市部の二酸化炭素濃度は、前出の数値400ppmよりももっと高いと考えられます。

現在の日本においては、大気汚染はあまり話題に上りません。高度成長時代には、四日市ぜんそくなどの公害病が発生しました。大気汚染物質としては、NO_x（窒素酸化物）やSO_x（イオウ酸化物）が重要です。xには数字が入ります。それぞれ、ノックス、ソックスと呼ばれます。これらは、主に、窒素やイオウならびにこれらを含む物質が燃えたときに生成するガスです。

次は粒子状物質です。上の話では、気体の分子が対象でしたが、今度は小さな小さな固体です。あまりにも小さくて軽いので、空気中に浮遊することができるようなものです。このような物質にも大きさがいろいろありますが、最近注目されているのは、PM2.5と呼ばれる大きさの物質です。非常に小さいので、肺の奥まで入っていき悪さをする可能性が議論されています。もちろん、生体には、さまざまな防御メカニズムがあります。

最後は**放射線**です。主な放射線として α 線、β 線、γ 線がありますが、空間の線量として測られているのは、γ 線です。α 線や β 線は、空間を長い距離飛ぶことがほとんどないからです。線量が高いと危険で、低ければ比較的安全ということになります。自然界には必ずあるものなので、少しでもあったらいけないということではありません。化学物質の毒性の話とも似ています。この種の問題で注意が必要なのは、γ 線を出している粒子が固体微小粒子である場合です。その微小粒子は風で飛ばされたり、空気中を浮遊することもあります。これが食品に付着したり、直接吸い込んだりすると、空間線量の問題ではなくなるからです。

PM2.5 を集める装置

以上は、大気（自然界）を中心に話しましたが、室内の空気が問題になることがあります。私たちは、知らず知らずのうちにさまざまな化学物質を吸い込んでいます。花の香りや、天然の木の香り、コーヒーなど飲み物や食品の香り、アロマオイルの香りもありますね。これらは良い香りの例ですが、香りを持つ物質は、空気中に適度の量があるとき良い香りになります。多すぎると、気持ち悪くなるような悪臭に変わってしまうこともめずらしくありません。ここでも、適度な化学物質の量（濃度）が大切だと思い知らされます。

新築の家で建材から出る化学物質によって引き起こされるとされる**シックハウス症候群**もよく知られています。典型的な症状は、倦怠感、めまい、頭痛、湿疹、のどの痛み、呼吸器系疾患です。複数の化学物質が注目されていますが、最も有名なのはホルムアルデヒドです。建材からの放出、住宅の密閉性の向上により、室内でのホルムアルデヒドの濃度が高くなりやすいことが一因とされています。

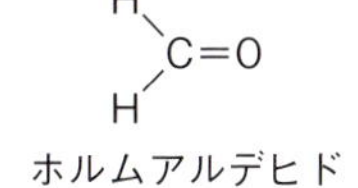

ホルムアルデヒド

22.3　水質関係の話題

自然界では、水は、雨、川、池・湖、海、地下などに存在しています。

雨についていうならば、**酸性雨**という言葉がよく話題になります[*9]。窒素やイオウを含む有機化合物をそのまま燃焼すると NO_x や SO_x が発生し、二酸化炭素などの通常の燃焼ガス成分とともにガスに含まれて排出されます。これらは大気中で酸性の雨を作り出す原因となります。あまり酸性の強い（低い pH の）雨が降ると、屋外にある金属の腐食が早まったり、木が枯れたりといった影響が出るといわれます。

川の水は、森の恵みを溶かし込み、これを海へと運んで豊かな海に貢

＊9　pH5.6 以下となった雨を**酸性雨**といいます。二酸化炭素が溶け込むと pH が下がりますが、pH5.6 以下にはならないからだそうです。生命にとって pH が重要であることは、発展学習 10.1 (p.41) で学びました。

献しているといわれますが、川の水が溶かし込むのはそれだけではありません。川沿いの農地などからの水を合流させ、農薬を含めさまざまなものを含むようになります。宅地からの生活排水や工場廃水も、一部流れ込みます。汚染が最も激しかったころには、川の水が泡立つという異常な現象が見られたと伝えられています[＊10]。現在では、生活排水や工場廃水が未処理のまま川に流れ込む例は減る傾向にあり、近年、日本の川はきれいさを取り戻してきているとされています。魚などの生物が生きる環境を保つのが大切なのはもちろんのこと、水道の原水として利用する場合には、また、別の注意も必要でしょう。水が汚れていれば汚れているほど、それをきれいにするためには、手間、時間、お金、エネルギーが必要になるからです。

＊10　四大公害病は、有機水銀による**水俣病**、**第二水俣病**、カドミウムによる**イタイイタイ病**、そして22.2節で紹介した**四日市ぜんそく**です。四つのうち三つが水に関係しています。

池・湖で話題になることが多いのは、**富栄養化**（ふえいようか）と呼ばれる現象です。栄養とは、植物にとっての栄養のことで、植物の三大肥料の窒素・リン酸・カリのうちの窒素とリン酸が問題にされます。これらが豊富だと植物性プランクトンが繁殖しすぎ、水の色が緑色になって汚らしくなったり、臭気を発したり、魚が呼吸できなくなって死んでしまったりします。海についても、沿岸部では富栄養化が問題になることがあります。**赤潮**（あかしお）が発生し、養殖漁業に大きな被害を与えることがあります。

過去に深刻な被害があった公害病として有名な水俣病では、工場から排出された水銀が川そして海へ流れ出て、その後魚に蓄積されて、これを食べた人や動物が発症したといわれています。現在では水銀は厳しく規制されていますので、同様の事故が起こることは考えられません[＊11]。

＊11　水銀が検出されてごみ焼却場の運転が止まったというニュースが、ごくまれに新聞に載ります。厳しく監視していることが窺われます。

22.4　土壌関係の話題

土壌汚染については、その理解が複雑です。どの部分をもって土壌と呼ぶかということから考えなければなりません。しかし、化学を学ぶ私たちとしては、新聞などで話題に上るものを知っておけばよいでしょう。

有機物では、ベンゼンやテトラクロロエチレンが話題に上ります。今では、ベンゼンもテトラクロロエチレンもよっぽどの理由がなければ使われませんが、以前は、これらの物質に対する理解が充分ではなく、その毒性が認識されていませんでした。そのようなわけで、幅広く使われ、安易に廃棄されたものが、今になって土壌汚染として見つかったりします。地下水に溶け込むと、その広がりや流れによって汚染が広がる可能性もあります。地下水は井戸水にも関係しています。飲み水として利用される井戸水は減ってきていますし、飲み水用の井戸水は厳しくチェックされ安全が確保されています。

ベンゼン

テトラクロロエチレン

無機物では、**重金属**（じゅうきんぞく）類という言い方がされます[＊12]。六価クロム、鉛

＊12　重金属とは、重い金属のことで、比重が4～5以上の金属のことになります。1族と2族を除くすべての金属が重金属に相当します。鉄も含まれます。

などがよく話題に上ります。

工場やその跡地などで汚染が疑われる場合に、これを分析するのはもちろんですが、土壌の分析はもっと幅広く行われています。マンション建築の折などです。地球環境の話ではありませんが、居住環境の問題です。

土壌の pH は植物の栽培に大きく影響します*13。生きられるかどうかに関わらない場合でも、成長が速いか否かに影響する可能性があり、農地であるなら、農作物の収穫にも密接な関係があります。

*13　土壌の pH は地下水の pH にもつながります。

22.5　調べる・保護する・修復する

環境で話題になる汚染物質がどのような化学物質であるのか、22.4 節までで学びました。自然環境や生活環境におけるこれらの化学物質の存在は、化学の力によって明らかにされます。自然環境や生活環境がどういう状態にあるかを知ることは、環境を意識した活動における第一歩といえるでしょう。今の状態が分かってこそ、この状態を維持するとか、改善するとか、考えられるわけですからね。

次に、環境を良好に保つ技術について考えてみましょう。これも化学が得意とするところです。軽い材料で自動車を作れば燃費が向上し、使用するガソリンの量を減らすことができます。石油を掘る量を減らすことは環境への負荷を減らすことになりますし、燃えて発生する二酸化炭素の量が減るならば、これも環境負荷を減らすことになります。家を建てるときに使う断熱材の性能が上がれば、冷房や暖房に使うエネルギーを減らすことができます。人間活動のありとあらゆる場面で化学が進歩すればするほど、その環境負荷を減らすことができるのです。

最近、**持続可能性**（**サステナビリティ**）という言葉を耳にします。社会も環境も持続的に存在できるためには何が必要かを考える動きです*14。化学物質の利用にあたっては、有用性の理解と自然との調和が重要と考えられています。

*14　グリーン・サステナブル・ケミストリー（GSC）という考え方も少しずつ広まっています。インターネットで調べてみましょう。

最後に、環境修復について考えましょう。原発事故では、人体に深刻な悪影響を与えかねない放射性物質が広範囲にばらまかれてしまいました。たくさんのお金をかけて除染を続けていますが、放射性物質が無害化されたのではなく、その場所から運び出されただけです。同列に扱う問題ではないかもしれませんが、鉛で汚染された土壌についていうならば、汚染された土壌を取り出し、人に影響を与えないような場所に埋めるなどの処理をします。鉛が無害化されたわけではありません。土壌を運び出した場所には、別のところからきれいな土壌を持ってきます。

これらと少し異なるのは、なんらかの理由により植物が失われた土地に、植物を復活させたり、森を復活させたりする例です。植生が復活すれば、徐々に小動物も戻ってきます。砂漠のように、植物にとってたいへん厳しい環境になってしまったところへ植物を戻すためには、化学の助けが必要かもしれません。

発展学習

22.1　分析(ぶんせき)は化学の得意分野です。環境分析はもちろんのこと、血液検査、食品検査、工業製品の検査、犯罪捜査まで、幅広い活躍の舞台があります。

22.2　人は、水溶性の物質についてはかなりの排泄能力があります。ビタミン類には水溶性のものとそうでないものがあるのですが、栄養ドリンクを飲んでしばらくすると、すぐに水溶性物質の排泄が観察できます。水溶性の物質は、有害物質ならば体内に溜まりにくい（排出されやすい）、有益な物質ならば、残念ながら体内に溜めておけない、ということになるようです。

22.3　多くの自治体がゴミ焼却場を持っています。現在、ゴミの焼却は、燃焼温度をはじめとして高度に管理されています。かつて全国の学校などにあった小さなゴミ焼却炉は、今は見ることはありません。燃焼に伴うダイオキシンの発生が問題視されるようになり、廃止されました。

22.4　私が小学生のころ、東京では毎年光化学スモッグ注意報が何度も発令されたのを記憶しています。現在でも一定数の発令がありますが、健康被害の届出数は非常に少なくなっています。空気の状態が改善しているのでしょう。

22.5　土壌汚染の対処法として、植物を使って土壌から有害な重金属を取り出す方法が知られています。どんな方法でしょう。→ポイント解説あり（p. 110）

22.6　貿易が盛んに行われることにより、外国産の生物が日本に入り込んで来るという話題、外来種の話題がしばしば聞かれます。最近では、大型船のバラスト水による外来種の持ち込みが問題視されています。バラスト水とは、船が空荷のときなどに、船の安定を保つため、船の中に入れたり出したりする海水のことです。海外でとり入れた水を日本で排出したりする点が問題視されています。

22.7　きれいな水にすむ魚、少し汚れた水でも生きられる魚などが知られています。これを利用したのが、指標(しひょう)生物という考え方です。

22.8　環境の中での水の動きや役割を学びました。私たちはさまざまな形で水を利用して、その恩恵を受けています。水はどのように利用されているのでしょうか？ →ポイント解説あり（p. 110）

22.9　「二酸化炭素 入浴剤」という言葉で検索すると、化学物質と人の奥深い関係に関する記述に出会います。

22.10　すべての食物がアレルギーの原因になるわけではありません。そばとピーナッツが有名ですが、他に何があるか調べてみましょう。

発展学習の重要ポイント解説

第1章　物質を構成する基本粒子

1.4　見た目で完全に平らに見えても、原子レベルで見ればある程度でこぼこしていると思います。このでこぼこが、原子1個分ぐらいのでこぼこか、原子10個分ぐらいのでこぼこか、ちゃんと考えましょうという学びです。もちろん、答えは分かりませんが、原子レベルでものを考えるということは、そういうことなのだと知ることが大切なのです。

1.5　右の図のように考えるということです。たった0.1 mmの厚さでも、まだまだたくさんの原子が積み重なるだけの厚みであることが分かると思います。100個や1000個じゃないですよね。

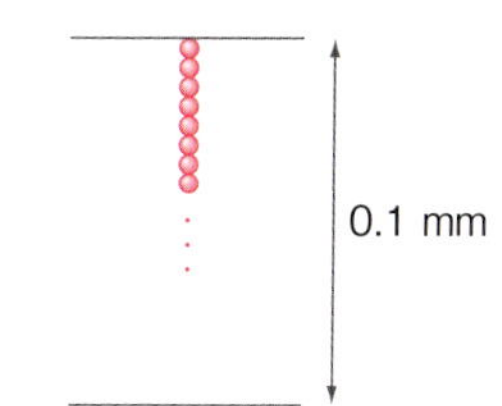

1.6　私なら、リチウム (Li) とカリウム (K)、と答えます。周期表で縦の列には性質の似た元素が並んでいるので、カリウム (K) とセシウム (Cs) を答えてもよさそうですが、大きさの順に並んでいるのですから、私なら順番が近い元素をあげます。大きさだって、似ている方がよいでしょう。

第2章　物質の分類

2.2　実際には、金・銀・銅のみを使ってこれらのメダルを作ることは少ないようです。1998年に長野で行われた冬季オリンピックのときには、日本らしいメダルとして、漆(うるし)塗りのメダルが話題を集めました。

2.3　金属は熱に強いのですが、熱を伝えやすい性質も持ちますので、鍋(なべ)やフライパンの場合、持ち手の部分には、金属以外の熱の伝わりにくい材質のものが使われている場合がほとんどです。昔のものならば木、最近のものでも有機物であることが多いようです。

第3章　原子の構造

3.2　陽イオンになりやすい元素、陰イオンになりやすい元素の周期表中での位置を確認しておきましょう。金属元素といわれるものは、みな陽イオンになります。元素の種類によっては、イオンとなる場合の価数 (+1とか+2など) が一種類ではなく、複数の状態をとれるものもありますが、そういうものが出てきたときに、「そうなんだ～」と分かればよいでしょう。

3.4　質量数について例をあげて学びましょう。陽子1個のみにより原子核が構成される水素の場合、質量数は1です。陽子6個、中性子6個から原子核が構成される炭素の場合、質量数は12です。

第4章　物質のなりたち

4.1　塩(しお)の主成分である塩化ナトリウム (NaCl) は、そろそろ自然に覚えたころではありませんか？　この中のClが結晶中ではCl^-の状態にあり、塩化物イオンと呼ばれることをしっかりと覚えましょう。その他は、この呼び方を真似すれば予想できるはずです。一つ学んだら、その周辺のことを同じように推察することを習慣づけましょう。化学の学びにはとても大切なことです。NaBrは臭化ナトリウムになります。

4.7　水などの中に陽イオンや陰イオンが存在するという話は、8.7節で詳しく学びます。陽子は、原子核の構成要素として学んだと思いますが、次のような理解も大切です。通常の水素が電子を失ってH^+の状態になると、これは陽子になってしまったことを意味します (H^+のことを水素 (陽) イオンと呼ばずに、陽子を意味する英語でプロトンとよく呼びます)。H^+が水の中にある状態は、この先の学びでたくさん出てきます。

第5章　物質の三態

5.3　スプレー缶です。ヘアスプレー、虫除け、その他、さまざまなスプレーが利用されています。有効成分は液体や固体ですが、噴射するためにガスが使われており、缶の中では液体の状態になっています。以前は、不燃性のフロンガスも多く使われていましたが、地球環境の保全のために使用しなくなりました。今は、可燃性ガスであるLPG（液化石油ガス）がよく使われています。可燃性のガスですので、多くの場合、「室内で使用しないように」または「使用時に注意するように」との注意書きがあります。

5.5　物質の沸点は気圧を下げると下がります。この性質を積極的に利用して、気圧を真空と呼べるほどに下げてやると、沸点がかなり下がることになります。金属の沸点は一般的にかなり高いのですが、真空下ではある程度下がります。真空蒸着という手法は、薄膜（薄い膜のこと）を作る際の基本的な方法ですので、物作りに興味のある人は、覚えておきたいですね。

第6章　気体のふるまい

6.4　氷に塩（しお）を混ぜると0℃よりももっと温度が下がることが知られています。さらに冷たい温度にするには、二酸化炭素の固体であるドライアイスがよく使われます。アイスクリームなどを買うと、ついてきたりします。本格的な化学の実験では、液体窒素や液体ヘリウムが使われることを知っている人もいるかもしれません。

6.5　1 cm^3の水の質量が1 gとしましょう。水の分子量を18.02とすると、これは約0.0555 molに相当します。よって、$V = nRT/P = (0.0555)(8.31 \times 10^3)(273.15 + 100)/(1.013 \times 10^5) \fallingdotseq 1.70$ となります。1.70 Lということですから、1700 cm^3です。約1700倍に増えるということですね。そうとうの増え方です。

第7章　分子の挙動を決めるもの

7.1　$\overset{\delta+}{C}-\overset{\delta-}{O}$　$\overset{\delta+}{C}-\overset{\delta-}{N}$　$\overset{\delta+}{C}-\overset{\delta-}{Cl}$

7.2　C−H結合においては、通常、電子の偏りが非常に小さいとされます。

C−Cl結合においては、電子がClの方へ偏っています。

（左）ベンゼンと呼ばれる分子です。CとHの間の結合には電子の偏りがほとんどありません。あったとしても反対を向いた結合があるので、分子全体としての極性は生じません。（中央）トリクロロメタンという名の分子です。図の下方向への矢印で示される極性を持ちます。（右）テトラクロロメタンという名の分子です。一つ一つのC−Cl結合には電子の偏りがありますが、四つすべての結合をあわせますと、分子全体としての極性はありません。

7.4　右の化合物の方が球に近い形をしています。球と球は接触面が小さく、相互作用しにくいと推察されます。これゆえ、右の化合物の方が、沸点が低くなると推察できます。

第8章　液体と溶液

8.6　水素結合をするという理由で水に溶けやすい物質でしたら、これらの間でも水素結合することが予想されます。

8.7　粒子サイズが1 nmから100 nmで、溶媒にきれいに分散されて均一になっているとき、コロイドと呼ばれます。コロイドの粒は目では見えない大きさで、化学で普通に使うろ紙は通り抜けてしまうほど小さな粒子です。

第9章　反　応

9.2　答えは「不完全燃焼」です。これが起こると、二酸化炭素（CO_2）ができるための酸素が足りないので、一酸化炭素（CO）が発生します。人は、これをたくさん吸い込むと（一酸化炭素）中毒になります。

9.7　写真の反応（デジカメではなくフィルムカメラのフィルムで起こる反応）、犯罪捜査で有名なルミノール反応などです。発光生物の発光もみな化学反応ですからね。植物が行っている光合成も光が関わる反応です（20.6 節にもう少し解説が出てきます）。

第10章　酸と塩基

10.1　海や川が「強い酸性」の状態になると、水生植物や水中の動物は生きることができません。また、食品を酢づけにすると、長持ちします。これは、酢が溶けている水溶液中では、H^+ の濃度が高い状態となり、食品を劣化させる微生物が活動する環境ではないため、食品が長持ちするということなのです。

10.2　中和反応は発熱反応です。一度に反応させると急激な大きな発熱があり、水が沸騰してきて液体の細かい飛沫（ひまつ）が飛ぶこともあります。酸の中和が終わっていない途中でこれが起こるならば、酸を含んだ細かい飛沫が飛ぶことになります。かなり怖いことになりますね。

0.1 mol/L の HCl が 10 L ありますので、1 mol の HCl があることになります。HCl は 1 価の酸です。これを 1 価の塩基である NaOH で中和しますので、1 mol の NaOH が必要になります。つまり、1 mol の NaOH の質量を求めればよいことになります。NaOH の式量は 40.00 ですから、1 mol の NaOH は 40.00 g です。

第11章　化学反応が示す特徴

11.1　まず、反応式を確認しましょう。

$$CH_4 + 2O_2 \longrightarrow CO_2 + 2H_2O$$

メタン 1 mol を完全燃焼するには 2 mol の酸素が必要で、その結果、1 mol の二酸化炭素と 2 mol の水が生成します。1 L の水が 10 cm × 10 cm × 10 cm で 1000 cm^3 とすると、10 L では、10000 cm^3 となります。1 cm^3 の水が約 1 g とすると、10000 g となります。水の分子量は 18 で、水 1 mol は 18 g ですから、10000 g は約 556 mol になります。この量の水を生じさせるには、その半分の 278 mol のメタンを燃焼する必要があります。メタンの分子量は 16 でメタン 1 mol は 16 g ですので、278 mol のメタンは 4448 g となります。約 4.5 kg のメタンを燃焼すると、10 L(10 kg) の水が得られるんですね。

11.7　反応時に観察される発熱は、反応を行う人に重要な情報を与えます。発熱があれば、反応が確実に起こっていると確認できます。発熱の量でどれぐらい激しく起こっているか推定できます。発熱がなくなると、反応が終了したと判断できます。

第12章　有機物（有機化合物）の世界

12.2　-CO-O- の部分がエステル結合になります。-CO-O- の両側に炭素骨格があります。酪酸（らくさん）エチルという化合物で、自然界に見出されます。どのようなところで見出されるか調べてみましょう。

12.3　水が持つ -O-H という部分と同じ構造が、エタノールおよび酢酸の構造にも見てとれます。エタノールはお酒の主成分です。薄いお酒、濃いお酒があることから分かるように、水と任意の割合できれいに溶け合います。酢酸はお酢の主成分です。お酢の中には酢酸が 3% 程度含まれていることが多いそうです。

12.6　石油だけでなく、石炭からも作ろうとすれば作ることができます。最近では、化石燃料ではなく、自然由来の物質からさまざまなものを作ろうとする動きがあります。人が必要とする有機化合物をすべて植物から合成できたら、すばらしいと思いませんか？

第13章　有機物の活躍

13.4　海に漂う小さなプラスチックのゴミが問題となっており、マイクロプラスチックと呼ばれています（5 mm以下で、目に見えないサイズが取り上げられる場合もあります）。もともと小さなものもありますが、大きかったものが、使用中・使用後などに、環境中で一部が分解して細かくなっていくことにより生成したものもあります。表面に有害物質がくっついている場合も多いようで、海洋生物が体内に取り込んで悪影響を受けることが心配されています。

13.5　特別に耐候性を求められるもの以外のあらゆる用途での利用が考えられます。スーパーのレジ袋など、長い間使い続けることは考えられませんので、分解して自然に還りやすい材料が望ましいでしょう。興味深い例として、例えば、海中でしばらくすれば消えていく釣り糸があげられます。釣り糸は、一方で丈夫でないと魚に逃げられてしまいますので、なかなか特性を調整するのがむずかしいと思います。これに対し、手術用の糸は、体内で分解されて消えていくものが昔から使われていました。

第14章　無機物（金属以外）の活躍

14.5　セラミックスの特徴は、種類や作り方にもよりますが、多くの場合、小さなたくさんの穴を持つことでした。このような材料で人工骨を作ると、生体内で後から本物の骨が成長してきて、穴の中にも入り込み一体化する現象が見られるそうです。

14.7　二酸化炭素は、火山ガスの重要成分として知られています。炭酸カルシウムは高温で分解して酸化カルシウムと二酸化炭素になることが知られていますので、地中でこの反応が起こることによる二酸化炭素の発生は充分考えられます。

第15章　無機物（金属）の活躍

15.1　これらの金属は自然界にないもので、たくさんの手間とエネルギーを使って作り出したものですから、捨ててしまうのはもったいないですよね。リサイクルでは、分別する技術がしばしば重要な意味を持ちます。磁石の利用は、分かりやすい分別技術の例といえるでしょう。

15.3　「金印（きんいん）」というものが出土し国宝となっています。長い間地中に埋まっていたにもかかわらず、そこに作り込まれた文字まで明確に確認することができたことからも、金は自然界の中で安定であることが分かります。また、青銅器時代、鉄器時代という言葉も耳にします。青銅器と鉄器、どちらが地中で安定か考えてみるのもおもしろいですね。

第16章　さまざまなエネルギーとその変換

16.1　(1) 運動エネルギー → 熱エネルギー　(2) 化学エネルギー → 光エネルギー　(3) 光エネルギー → 電気エネルギー　(4) 化学エネルギー → 電気エネルギー ＋ 熱エネルギー

16.2　(1) 運動エネルギー　(2) 光エネルギー　(3) 化学エネルギー

16.3　W（ワットと読みます）は電気の分野でよく出会う単位です。

1日が24時間（hで表します）で365日（dで表します）とするならば、

$$1366\ (\mathrm{W/m^2}) \times 24\ (\mathrm{h/d}) \times 365\ (\mathrm{d}) = 約\ 1.2 \times 10^7\ \mathrm{Wh/m^2}$$

となり、あとは地球の断面積（m^2）を掛けるだけです。

Wh（ワットアワー）はエネルギーの単位になります。化学で最も普通に使うエネルギーの単位はJ（ジュール）です。これらの間には、$1\ \mathrm{Wh} = 3.6 \times 10^3\ \mathrm{J}$ の関係があります。

ちなみに、太陽の活動は変動していますので、太陽から地球にもたらされるエネルギーの大きさも少し変動しています。定数という表現に惑わされないようにしましょう。

第17章　熱が関わる化学とその利用

17.2　最初に行われるのは、**蒸留**という作業です。沸点の低い成分を分離することができます。次に、減圧蒸留（げんあつ）という少し特殊な蒸留を行うと、通常の蒸留では取り出せないような、さらに沸点の高い成分を分離することができます。このように、石油は、沸点の差による分離を基本として、さまざまな成分に分けられます。沸点の低い方から、ガス成分・ナフサ・灯油・軽油・重油・アスファルトなどとなります。ガソリンは沸点が低く揮発性の高いナフサから作られます。灯油は石油ストーブやジェット機の燃料になります。軽油はトラックやバスの燃料、重油は船舶や火力発電所の燃料になります。

17.6　セシウム137の半減期は30年なので半分になるのに30年かかります。ですから、30年で50%、60年で25%、90年で12.5%、120年で6.25%。よって、約100年くらいになります。

第18章　電気化学とその利用

18.2　ナトリウムは入手が容易なので、安価に電池を構成できる可能性があります。しかし、ナトリウムは、周期表を見て分かるように、リチウムよりも大きく、重い元素になります。軽い電池を作ろうとすると、圧倒的に不利です。持ち歩きや移動体と関係しない電力貯蔵設備に使えるかもしれません。リチウムイオン電池では、リチウムイオンが電極を出たり入ったりしていました。リチウムより大きいナトリウムでは、この出入りがむずかしくなることも予想できます。

18.6　Hは水（H_2O）や有機化合物の中に存在しています。水は分かりやすいですね。有機化合物の方は、生物の中や、生物の死骸からできたとされる石油、天然ガスなどに含まれているということを意味しています。水素エネルギーを幅広く利用する社会を作るなら、水から水素（H_2）を作る技術が大切といえるでしょう。

第19章　生命を形作る物質

19.1　セルロースもグルコースに分解してしまえば、人も栄養として吸収利用できるという点も興味深いと思います。デンプンはα-1,4グリコシド結合、セルロースはβ-1,4グリコシド結合で結ばれています。

19.7　ガソリンは揮発性を持つ必要があります。そのためには、ある程度分子量が小さくなくてはなりません。ディーゼルエンジンに使う燃料はガソリンよりも揮発性が低いようですが、あまりドロドロした液体でも困ります。バイオディーゼル作りでは、脂肪を分解して、分子量を小さくするという工程が入ることになりますね。調べて確認してみましょう。

第20章　生命において見られる反応

20.1　酵素は、熱や低pH・高pHに弱いことが知られています。これは、酵素を作り上げているタンパク質というものが、そもそも熱や低pH・高pHに弱いということによります。約60℃になると**変性**（へんせい）します。酵素が働かなくなるので生物は生きていくことができなくなります。低pHや高pHをもたらす酸やアルカリによっても変性を起こします。これらは、酸変性、アルカリ変性と呼ばれます。

20.2　光合成のシステムの中では、Feを含む物質も活躍しています。Mgと同様に考えてみましょう。Feが豊富な食品を調べてみましょう。緑の濃い野菜ばかりが出てくるでしょうか？

第21章　環境のなりたち

21.2　北極には陸地がなく、南極には陸地があります（南極大陸です）。また、山の高い部分にある氷河、シベリアなどにある氷土が地球上の氷としてよく知られています。これらは、海氷と陸氷に分類されることがあります。

21.4　南極の氷は長年にわたって積み重なってできています。大昔の大気成分（気体）・ちり・火山灰など（固体）が含まれています。数十万年前にさかのぼる気候変化の記録が得られたとする報告もあるそうです。氷床コアという言葉で調べるといろいろな情報が得られます。

第22章　環境問題と化学の役割

22.5　植物は養分のみでなく、土壌中の有害物質も根から吸収することが知られています。有害物質を取り込んだ植物を刈り取って処分すれば、その分、土壌から有害物質が取り除かれたことになります。カドミウムや鉛などの重金属をはじめとして、さまざまな有害物質を対象とした研究があります。ファイトレメディエーションという言葉で調べると、いろいろな情報が得られます。

22.8　水の利用例には、農業用水、水力発電用の水、飲料水、食品作りなどの原料水、プールや温泉などの水、冷却水、洗浄水、工業用超純水などがあります。水の重要性がよく分かります。また、多くの水は、自然から得られたままで使用されるのではなく、消毒や浄化など、手間とエネルギーをかけて作られている点も重要です。

ワンポイント・レッスン

ワンポイント・レッスン1

非常に大きな（小さな）数字の扱い

化学では、非常に大きな数字や非常に小さな数字を扱う必要があります。これらの数字の扱いに慣れましょう。

基本1　累乗（るいじょう）の意味

$10^2 = 10 \times 10 = 100$　　（10（じゅう）の2乗（にじょう）と読む）

$10^1 = 10$　　（10の1乗と読む）

$10^0 = 1$

$10^{-1} = 0.1$　　（$1/10^1 = 1/10 = 0.1$ と考えてもよい）　（10のマイナス1乗と読む）

$10^{-2} = 0.01$

基本2　表現の仕方

$6.02 = 6.02 \times 10^0$

$60.2 = 6.02 \times 10^1$

$602 = 6.02 \times 10^2$　（60.2×10^1 でも同じ数字になります。どちらを使うかは、そのときの事情によりますが、使い分け方については、初心者は後回しにしましょう。数字を見たときに、その意味が分かればよいでしょう。）

$0.602 = 6.02 \times 10^{-1}$

$0.0602 = 6.02 \times 10^{-2}$

基本3　普通の数字に戻す

例1）3.01×10^3　累乗の数字分だけ小数点を右へずらす。

3.0 1 ⇒ 3 0 1 0　　できあがり！　3010

例2）3.01×10^{-3}　累乗の数字分だけ小数点を左へずらす。

3.0 1 ⇒ 0.0 0 3 0 1　　できあがり！　0.00301

基本4　電卓による計算

化学では、累乗で表現された数字同士の加減乗除を行う必要があります。電卓のキーの押し方は確認しておきましょう。

$(1.23 \times 10^4) \times (3.36 \times 10^2)$ では、私の電卓では、1.23の後 $\times 10^x$ というボタンを押して、次に4を押します。後は、掛け算の × を押して、3.36を入れて、$\times 10^x$、2で ＝ です。電卓にも（　）はついていますが、この例を私の持つ一般的な電卓で計算する場合には必要ありません。答は、4132800と出ました。累乗の表記を利用するなら、4.132800×10^6 となります。もともと三つの数字で構成される数同士の掛け算なので、答えも同様にして、4.13×10^6 とするのがよいのですが、本書の学びとしては 4.132800×10^6 ができていれば大正解です。

練習問題（解答は p. 123）

問 1　次の数字を通常の表記に戻しなさい。

例）1.03×10^2 → 103　（小数点を右へ 2 個ずらせば OK だ）

8.4×10^4 →

6.365×10^6 →

2.2×10^{-3} →　　（小数点を左へ 3 個ずらせば OK のはずだ）

4.92×10^{-4} →

問 2　次の数字を累乗の表記で表しなさい。

例）126000 → 1.26×10^5　（1.26000×10^5 や 12.6×10^4 も本書では正解とします。）

0.0035 →

0.0000652 →

問 3　次の計算をしなさい。

$6.02 \times 10^{23} \times 4.2 =$

さらに学ぶなら

実際の実験などで得られた数値を扱うためには、さらに数値に対する理解が必要です。興味がある人は、インターネットで「有効数字（ゆうこうすうじ）」を調べてみましょう。詳しく学べるサイトがすぐに見つかるはずです。

有効数字を正確に扱うことは初心者には容易ではありません。皆さんは、有効数字という扱い方があること、この累乗の表現がそれを示すのに役に立つことだけ覚えておけばよいでしょう。大切なのは少しずつ慣れることです。

ワンポイント・レッスン 2

モ　ル（1.5 節を学んでから）

モル（英語では mole、短縮形で mol）

物の量は「物質量」という言葉が使われます。

モルは、6.02×10^{23} 個のことです。この数字は、アボガドロ数（すう）といわれます。

モルは、物質量を表すために、しばしば使用されます。

練習問題（解答は p. 123）

問 1　次の問に答えなさい。

(1) 白金（Pt）が 2 mol あります。原子の数は何個でしょうか。

(2) 鉄（Fe）が 3.01×10^{23} 個あります。これは何モルに相当するでしょうか。

分子量と式量（4.5 節を学んでから）

原子の質量（重さ）

原子の質量（重さ）に関する情報は、周期表に書かれています。原子記号の下に原子量として書かれている数字がそれです。この数字には単位がありません。ただし、この数字にグラム（g）をつけると、その元素の原子を 1 mol 集めたときの質量になります。例えば、リチウム（Li）なら、原子量は 6.941 と書かれているので、リチウムが 1 mol（6.02×10^{23} 個）あるときには、6.941 g になるということです。

練習問題（解答は p. 123）

問2　次の問に答えなさい。

(1) 鉄が 55.85 g あります。これは、何モルの鉄に相当しますか？　周期表を見て答えなさい。

(2) 2 mol に相当する金は、何グラムになりますか？　周期表を見て答えなさい。

分子量と式量

原子の質量は、上で分かりました。今度は分子の質量です。また、分子を形成しない物質の場合の扱い方です。本文（4.5 節）で学んだとおりです。ここでは、以下の練習問題を解いて、慣れましょう。

練習問題（解答は p. 123）

問3　次の物質の分子量を求めなさい。

(1) CH_4（メタン）　(2) N_2（窒素）　(3) O_3（オゾン）

問4　次の物質の式量を求めなさい。

(1) KCl（塩化カリウム）　(2) $MgCl_2$（塩化マグネシウム）　(3) Fe_2O_3（酸化鉄）

ワンポイント・レッスン3

分子か分子でないか（4.2 節を学んでから）

練習問題（解答は p. 123）

問1　まず、次の文を読み、下の問に答えなさい。

CH_4（メタン）　：炭素と水素中心でできあがっているのが、有機化合物。有機化合物は原則として分子です。

O_3（オゾン）　：普通の酸素は O_2 で分子。オゾン層という言葉を知っていますか？　常温常圧で気体なら原則として分子です。

NaCl（塩化ナトリウム）：食塩の主成分。イオン結晶の代表として紹介しました。イオン結晶なら、もちろん分子ではありません。

Fe（鉄）　：金属の代表です。金属結晶でできています。もちろん分子ではありません。

次の物質が分子なら ○、分子でないなら × をつけなさい。

(1) C_3H_8（プロパン）　ヒント：炭素と水素でできている。

(2) He（ヘリウム）　ヒント：ガスであり、飛行船を膨らませるために使われている。

(3) KCl（塩化カリウム）　ヒント：NaCl の Na が同族の K と代わっただけだ。

(4) Al（アルミニウム）　ヒント：鉄とならび代表的な金属だ。

(5) C_2H_5OH（エタノール）　ヒント：炭素と水素中心でできている。酸素が入っているようだが、小さな違いは気にしないでおこう。

(6) CO_2（二酸化炭素）　ヒント：常温常圧で気体と知っている。

(7) KBr（臭化カリウム）　ヒント：KCl の Cl が同族の Br に代わっただけだ。

(8) Cu（銅）　ヒント：金属だと知っている。

(9) Fe_2O_3（酸化鉄(Ⅲ)）　ヒント：これは「錆(さ)び」でしたね。さびると金属ではなくなり、鉄はイオンの状態になります。この物質中では、鉄は3価です。イオン結晶になります。

(10) TiO_2（酸化チタン）　ヒント：Fe_2O_3 と同じ酸化物ですね。

物質を元素記号で表すことに慣れる

問 2　次の物質の名前を書き（周期表を見てよい）、分子なら○、分子でないなら × をつけなさい。

化学式	名前	○ or ×
NaCl	塩化ナトリウム	
KCl		
LiCl		
$MgCl_2$		
$CaCl_2$		
$AlCl_3$		
Fe_2O_3	酸化鉄	
Al_2O_3		
CuO		
MnO_2		
$CuSO_4$	硫酸銅	
$ZnSO_4$		
KNO_3	硝酸カリウム	
$NaNO_3$		
Au		
Ag		
Cu		
Fe		
Al		
H_2O		
CO_2		
CO	（想像しよう）	
Ar		
N_2		
NH_3	（調べてみよう）	
H_2S	（調べてみよう）	
C_2H_5OH	エタノール（エチルアルコール）	
CH_3COOH	酢酸	
C_4H_{10}	ブタン	
C_6H_6	ベンゼン	

ワンポイント・レッスン 4

圧 力

日常生活で、「風圧を感じた」などという会話をしたことはありませんか？　風圧は、風の圧力ですね。この圧力を正しく扱う方法を学びましょう。

圧力は、単位面積あたりに働く力で表します。

面積の基本単位は m^2（平方（へいほう）メートル）

力の基本単位は N（ニュートン）

ですから、1 m^2 あたりにどれだけの力（何ニュートンの力）がかかっているかという話です。圧力の単位は当然のことながら、$N \cdot m^{-2}$（N/m^2 とも書きます）になりますが、これを圧力の基本単位として **Pa**（パスカル）と呼びます。

例を示しましょう。1 kg の物体が、地球上で下向きに押す力は、約 9.8 N です。1 m^2 にこれだけの力がかかっているのなら、9.8 Pa の圧力になります。

1 気圧（地球上の普通の圧力）は、101325 Pa（約 10 万パスカル）です。

天気予報では、hPa（ヘクトパスカル）という単位を使います。

1 hPa = 100 Pa

1 気圧は 1013 hPa となります。気象に興味がある人は覚えるとよい数字ですね。

化学の初心者が圧力の話に出会うのは、**気体の状態方程式**を学ぶときだけです。気体の状態方程式関係の問題が解ければ、それ以上の詳しいことは当面必要ありません。

圧力というもののイメージ、

1 気圧（1 atm としばしば書かれます）が 1.01×10^5 Pa であること

を覚えておけば、ほとんど困らないはずです。

練習問題（解答は p. 123）

問 1　気体の状態方程式（$PV = nRT$）を使って答えましょう。ビニール袋に入っているある気体は、平地の 1 気圧（1.01×10^5 Pa）のもとで 2 L の体積を持っています（ビニール袋の大きさには充分な余裕があるとします）。このビニール袋を高い山に持っていき、気圧が 0.5 気圧（5.05×10^4 Pa）の場所に置きました。体積は何倍になるでしょう。

問 2　気体の状態方程式（$PV = nRT$）を使って答えましょう。ビニール袋に入っているある気体は、平地の 1 気圧（1.01×10^5 Pa）のもとで 2 L の体積を持っています。このビニール袋を高い山に持って行ったところ、体積が 3 L になりました。このビニール袋を置いた場所の気圧はいくらでしょう。パスカルを単位として答えなさい。

問 3　2 mol の酸素（O_2）があります。この気体は、300K の温度で 0.1 気圧（1.01×10^4 Pa）の気圧のもとでは、体積は何リットルになるでしょう。（R は気体定数 8.31×10^3 $Pa \cdot L \cdot mol^{-1} \cdot K^{-1}$）$PV = nRT$ で残りの四つ（P, V, n, T）のうち、三つが与えられていますので、残りの一つ体積（V）が計算できます。

面 積

面積は（長さ）×（長さ）です。縦 1 m、横 1 m ならば、1 m × 1 m = 1 m^2（いち平方メートル）です。

縦 1 cm、横 1 cm ならば、1 cm × 1 cm = 1 cm^2（いち平方センチメートル）です。

1 m は 100 cm ですので、1 m^2 = 1 m × 1 m = 100 cm × 100 cm = 10000 cm^2 になります。

化学では、面積の話はあまり出てきません。

体 積

体積は、原則としては、面積と同様に扱います。

縦 1 m、横 1 m、高さ 1 m ならば、1 m × 1 m × 1 m = 1 m^3（いち立方（りっぽう）メートル）です。

縦 1 cm、横 1 cm、高さ 1 cm ならば、1 cm × 1 cm × 1 cm = 1 cm^3（いち立方センチメートル）です。

1 m^3 = 1 m × 1 m × 1 m = 100 cm × 100 cm × 100 cm = 1000000 cm^3 になります。

さて、これら基本の他に重要なものがあります。

体積の単位として、化学ではリットル（L または l や ℓ の記号）がしばしば使われます。液体や気体の体積を表現するときです。1 L = 1000 cm^3（= 10 cm × 10 cm × 10 cm に相当）と理解してください。

ただし、化学の専門家はLを使わず、dm^3 を使います。dm（デシメートル）は 10 cm のことで、dm^3 は 10 cm × 10 cm × 10 cm を意味しています。dm^3 はLと同じと覚えておけばよいでしょう。体積は（長さ）×（長さ）×（長さ）で表現するという基本に忠実に従った単位を使っているわけです。

ワンポイント・レッスン 5

濃 度

濃度とは、液体などの中に別の物質がどれぐらい溶けているか（含まれているか）を表すものです。

1 L の液体があり、その中に 10 g の NaCl が溶けている場合と、20 g の NaCl が溶けている場合とでは「濃さが違う」というと思いますが、化学の言葉では、「濃度が違う（異なる）」といいます。

濃度の表し方にはさまざまな方法がありますが、化学の分野では、モル濃度（mol/L）がよく使用されます。1 L の溶液に溶けている物質量（mol）で表現する方法です。$mol \cdot L^{-1}$ と書かれていても同じ意味です。$mol \cdot L^{-1}$ はしばしば M と表されます。

1 mol/L NaCl 水溶液の正しい作り方：1 mol の NaCl を 1 L よりも少し少ない水に溶かします。次に、全体の体積が 1 L になるように水を加えます。これで 1 mol/L の濃度の NaCl 水溶液ができます。

誤ったやり方：1 mol の NaCl と 1 L の水を用意して、混ぜ合わせます。（この場合、できあがった溶液の体積は、1 L ぴったりにはなりません。）

練習問題（解答は p. 124）

問 1　1 mol/L の濃度の NaCl 水溶液を 1 L 作りたい。NaCl は何グラム必要ですか？
　ヒント：NaCl の式量をまず求めます。

問 2　2 mol/L の濃度の KCl 水溶液を 2 L 作りたい。KCl は何グラム必要ですか？

問 3　2 mol/L の濃度の NaOH 水溶液を 200 mL（0.2 L）作りたい。NaOH は何グラム必要ですか？
　ヒント：1 L 作る場合の 200/1000（＝ 1/5）の量が必要ということです。

問 4　1 L の水溶液に NaOH が 20.00 g 溶けています。この水溶液の濃度はいくつでしょう？
　ヒント：20.00 g が何 mol に相当するかを最初に計算します。

問 5　0.1 mol/L のビタミン C の水溶液を 100 mL 作りたい。ビタミン C は何グラム必要ですか？
　ヒント：ビタミン C をインターネットで調べると、分子式は $C_6H_8O_6$ と分かりますので、まず、分子量を計算します。

ワンポイント・レッスン 6

反応式の書き方

プロパンの燃焼を例に、反応式の書き方を学びましょう。

まず、プロパンの化学式、そして、燃焼なので「酸素（O_2）と反応するということ」ですから、これらを書きます。

$$C_3H_8 + O_2$$

次に、生成物を書きます。C と H のみからなる有機化合物の燃焼においては、炭素（C）の部分が二酸化炭素（CO_2）、水素（H）の部分が水（H_2O）になると知っている必要があります。

$$C_3H_8 + O_2 \longrightarrow CO_2 + H_2O$$

次に、左辺と右辺の元素の数を合わせます。この反応式の一番の中心はC_3H_8なので、これにつく数字は1とします（わざわざ書きませんが）。これにより、右辺のCO_2につく数字が3と決まります。

$$C_3H_8 + O_2 \longrightarrow 3CO_2 + H_2O$$

次に、水素の数を合わせましょう。左辺にはHは8個ありますので、右辺でもそうなるように、H_2Oにつく数字を4とします。

$$C_3H_8 + O_2 \longrightarrow 3CO_2 + 4H_2O$$

最後に、酸素の数を合わせましょう。右辺には、CO_2のところに6個、H_2Oのところに4個、合計10個あります。そこで、左辺のO_2に5をつけます。これで完成です。

$$C_3H_8 + 5O_2 \longrightarrow 3CO_2 + 4H_2O$$

もう一つ、エタノールの燃焼を例に学びましょう。エタノールは、一部の国で自動車の燃料としても使用されています。

まず、エタノールの分子式をインターネットで調べて、酸素と反応させて、二酸化炭素と水ができるところまでを書くと、

$$C_2H_6O + O_2 \longrightarrow CO_2 + H_2O$$

となります。次に、炭素と水素について、左辺と右辺の数を合わせると、

$$C_2H_6O + O_2 \longrightarrow 2CO_2 + 3H_2O$$

です。最後に、酸素の数を合わせます。エタノールの中にも酸素が入っているので注意しましょう。右辺を見ると、CO_2のところに4個、H_2Oのところに3個あります。左辺は、エタノールの中に1個ありますので、あと6個ですから、O_2に3をつけてできあがりです。

$$C_2H_6O + 3O_2 \longrightarrow 2CO_2 + 3H_2O$$

ワンポイント・レッスン7

pH（ピー・エイチ）

pHは、水溶液中における「水素イオン（H^+）濃度」を表す方法です。

初歩的なポイントをまとめておきましょう。

純水においても一定量のH^+があり、そのpHは7である。

これよりもH^+が多い場合には、pHは小さくなる（酸性といわれる）。

これよりもH^+が少ない場合には、pHは大きくなる（塩基性といわれる）。

pHは0から14の間の値になる。

log（ログ）

pHの意味を完全に理解するためには、logについて知る必要があります。必要に応じて学んでください。

logの利用にはいくつかの利点がありますが、pHとの関係でいうならば、非常に大きな数字や小さな数字（pHの場合は小さな数字）を比較的すっきりした数字で表現できるという利点を利用しています。次の二つの文は、同じことをいっています。

・この水溶液の水素イオン濃度は、1×10^{-8} mol/Lである。

・この水溶液のpHは8である。

log を利用した pH を使った方がいいやすい、伝えやすい、書きやすい、間違えにくい、などの利点があることがよく分かると思います。

では、log について学びましょう。まず、次の式を見てください。

$\log_a b = c$　（ログ a 底（てい）の b イコール c と読みます）

ここで、$a^c = b$ の関係が成り立つのが log になります。a は底（てい）と呼ばれます。「化学」の分野では、log と書いた場合は、書いていなくてもその底（a）は普通 10 です。ですから、$10^c = b$ となります。

今、b が 1×10^7 という非常に大きな数字だったとしましょう。これの log をとると、$\log_{10}(1 \times 10^7) = 7$ となり、大変すっきりした数字となります。

pH の定義は、$\mathrm{pH} = -\log_{10}[\mathrm{H}^+]$ でした。

$[\mathrm{H}^+] = 1 \times 10^{-7}$ mol/L　のとき、pH = 7

$[\mathrm{H}^+] = 1 \times 10^{-5}$ mol/L　のとき、pH = 5

やはり、大変すっきりした数字になっています。

練習問題（解答は p. 125）

問 1　電卓を使って、pH を計算できるようにしておきましょう。ある水溶液の水素イオン濃度が 2.5×10^{-6} mol/L であるとき、この水溶液の pH はいくつでしょう。また、ある水溶液の水素イオン濃度が 5.0×10^{-6} mol/L であるとき、この水溶液の pH はいくつでしょう。

問 2　pH 3 の水溶液があります。この水溶液の水素イオン濃度はいくつでしょうか？

問 3　pH 2.6 の水溶液があります。この水溶液の水素イオン濃度はいくつでしょうか？　答えを出すには電卓が必要です。

pH の話題（酸性・塩基性の話題）では、しばしば、リトマス試験紙の話が出てきます。

酸性では、青色リトマス試験紙が赤くなります。

塩基性では、赤色リトマス試験紙が青くなります。

ワンポイント・レッスン 8 

基

基（き）という言葉の意味は、文字からは想像しにくいのですが、決してむずかしいものではありません。英語でいうと group です。有機化合物の構造の一部を原子のグループとしてとらえるということです。

置換基（ちかんき）という言葉は、基が何かに置き換わった（通常 -H を置き換わらないものと考えればよい）ととらえているときの言い方です。基と同じと思っていれば OK です。

炭素の手が一つ余っている基（置換基）

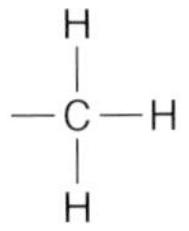

メチル基

$-CH_3$ とも書く

（参考 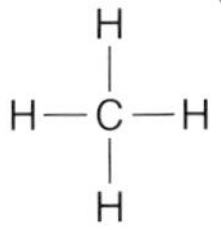　メタン）

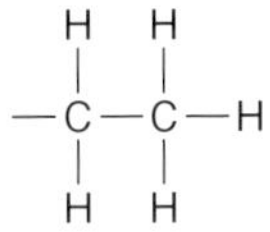

エチル基

$-CH_2CH_3$ とも書く

（参考 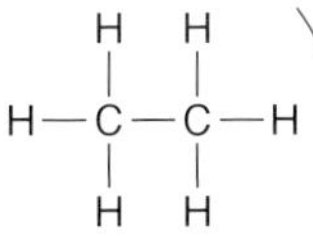　エタン）

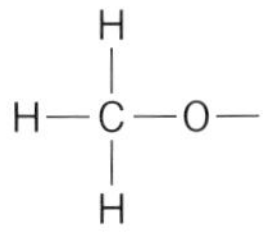

メトキシ基

$-OCH_3$ とも書く

（参考 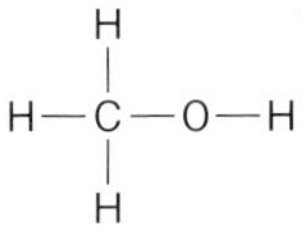　メタノール）

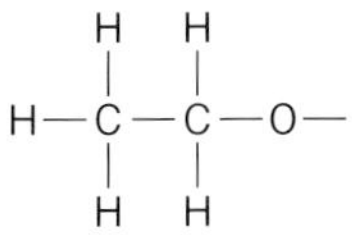

エトキシ基

$-OCH_2CH_3$ とも書く

（参考 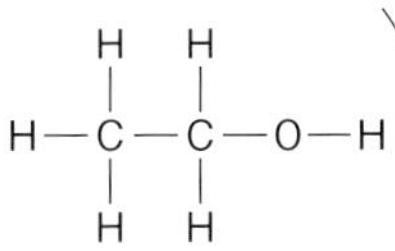　エタノール）

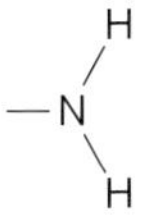

アミノ基

$-NH_2$ とも書く

$-NO_2$

ニトロ基（普通，ケクレ構造式では書かず，この形で書く）

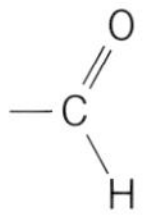

アルデヒド基

$-CHO$ とも書く

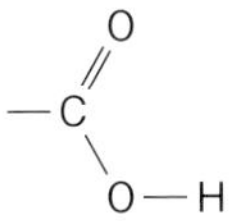

カルボキシ基

$-COOH$ とも書く

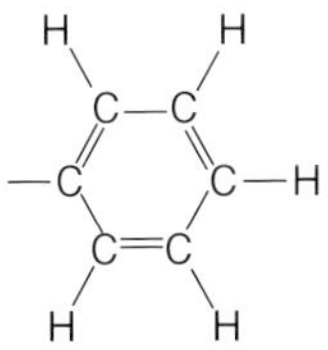

フェニル基

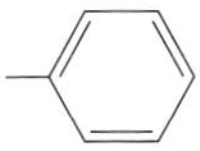

$-Ph$ とも書く

（参考 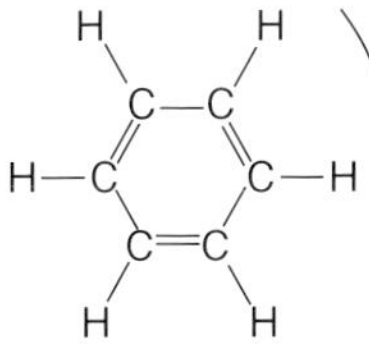　ベンゼン）

炭素の手が二つ余っている基（置換基）

メチレン（基）　エチレン（基）　フェニレン（基）

ワンポイント・レッスン 9

有機化合物の表し方

有機化合物を構造式（ケクレ構造式）で表す方法については分かったと思いますが、もっといろいろな表記法があります。

ケクレ構造式中の炭素や水素を省略して描く方法が分かると、有機化合物について書かれたさまざまな本を読むことができるようになります。

下はプロパンの例です。一番左が、普通の構造式です。中央は、炭素のつながり部分を曲げて描いた書き方です。一番右が、簡略化した書き方になります。これを学ぶのがこのレッスンの目的です。

次の有機化合物で、簡略化した図を作る手順を学びましょう。まず、通常の構造式から H とそれをつなげている手を消します。次に、C も消します。これでできあがりです。

ベンゼンでも同様にやれば、簡略化した図が描けます。

簡略化された図から、元の構造式に戻す方法を確認しておきましょう。初心者には、これが一番大切でしょう。

まず、線の「はじ」と「曲がり角」にCを書き込みます。

次に、単結合、二重結合を考慮しながら、あと何本炭素に手が必要か考えます。もちろん、炭素の手は4本にならなければいけません。

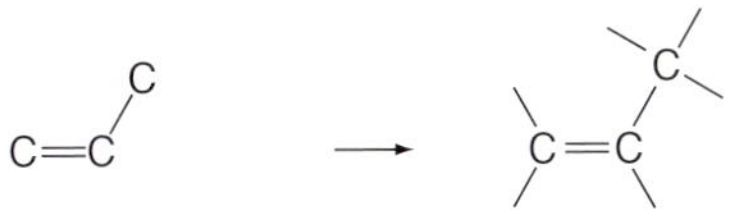

最後に、Hを書き加えてできあがりです。

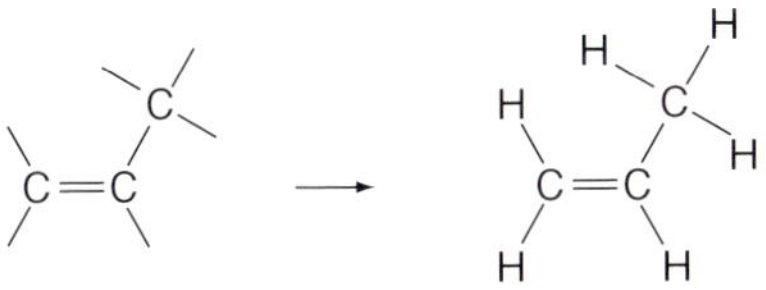

練習問題（解答は p. 125）

問1　次の化合物を、ケクレ構造式で省略せずに描きなさい。

(1)　(2) 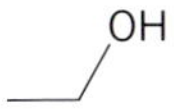　(3) 　(4)

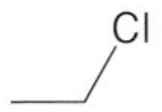

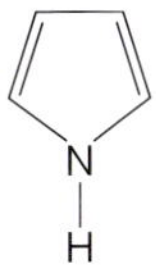

ワンポイント・レッスン 10

核化学

原子核については、ぶよぶよのやわらかいイメージを持ってください。

原子核が陽子と中性子からなり、陽子の数に等しい正電荷を持つことはすでに学びました。正電荷同士は反発し、原子核を不安定にします。中性子は電荷を持たないので電気的反発はせず、原子核を安定化しようとします。結局のところ、陽子と中性子の個数のバランスが悪いと不安定な原子核となります。

核種（かくしゅ）

今まで説明していませんでしたが、同一の元素（陽子の数は同じ）でも、中性子の数が異なる原子が存在します。最も シンプルな元素である水素を例とするならば、中性子の個数の違いにより、3種類の水素が存在することが知られています。

^{1}H（水素、　陽子1、中性子0、質量数1）
^{2}H（重水素、デューテリウム、陽子1、中性子1、質量数2）
^{3}H（三重水素、トリチウム、　陽子1、中性子2、質量数3）

の3種です。このように、原子核の詳細にまで注目するときは、元素という言葉では足りませんので、「核種（かくしゅ）」という言葉を使います。「水素には3種類の核種が知られている」などといいます。

化学でよく出てくる核種

(1) ^{1}H、^{2}H (D と書かれることあり)、^{3}H (T と書かれることあり)

(2) ^{12}C、^{13}C、^{14}C

(3) ^{235}U、^{238}U

そして、17.5 節でも説明したとおり、これらの核種の中には、安定な核種と不安定な核種があります。不安定な核種が起こす反応について、次に学びましょう。

核反応の種類

核反応 (不安定な核種が起こす変化) は、4種類に大別すると、分かりやすくなります。

(1) γ（ガンマ）線 (電磁波) を放出する

(2) β（ベータ）線 (電子) を放出する

(3) α（アルファ）線 (ヘリウム原子核) を放出する

(4) もっと大きな核を放出する (核分裂する)

(3) と (4) の間には本質的な差はないようにも見えますが、(3) は、通常、核分裂とは呼ばれません。核分裂以外の核反応には、崩壊（ほうかい）という言葉が、しばしば使われます。α 崩壊、β 崩壊、γ 崩壊です。

原子力発電において起こる核分裂反応

核分裂を起こす元素はウランだけではありませんが、ウラン (およびこれから生じるプルトニウム) 以外の元素を原子力発電に使っているという話は聞きません。

^{235}U に中性子を吸収させると ^{236}U となります。これが核分裂を起こします。核分裂反応は1種類ではなくたくさんあります。例を三つあげます。どれか一つの反応を選んで起こすことはできません。

$$^{236}\mathrm{U} \longrightarrow {}^{95}\mathrm{Sr} + {}^{139}\mathrm{Xe} + 2\,{}^{1}\mathrm{n}$$

$$^{236}\mathrm{U} \longrightarrow {}^{90}\mathrm{Kr} + {}^{143}\mathrm{Ba} + 3\,{}^{1}\mathrm{n}$$

$$^{236}\mathrm{U} \longrightarrow {}^{97}\mathrm{Y} + {}^{135}\mathrm{I} + 4\,{}^{1}\mathrm{n}$$

核分裂反応の結果、中性子 (式中の ^{1}n) が生成します。この中性子が別の ^{235}U に吸収されて次の核分裂が起こると、核分裂が続いていくことになります。上では、中性子が発生する数が異なる核反応を例としてあげてみました。

核分裂反応を制御するということは、発生した中性子がどれぐらい次の ^{235}U に吸収されるかを制御するということになります。

ワンポイント・レッスン 解答

ワンポイント・レッスン 1

問 1 8.4×10^4 → 84000

8.4 ⟹ **8 4 0 0 0**

6.365×10^6 → 6365000
2.2×10^{-3} → 0.0022　（小数点を左へずらしていくイメージで考える）
4.92×10^{-4} → 0.000492

問 2 0.0035 → 3.5×10^{-3}
0.0000652 → 6.52×10^{-5}

問 3 $6.02 \times 10^{23} \times 4.2 = 2.5284 \times 10^{24}$　（2.53×10^{24} も本書では正解とします。）

ワンポイント・レッスン 2

問 1 (1) $6.02 \times 10^{23} \times 2 = 1.204 \times 10^{24}$　1.204×10^{24} 個
(2) $(3.01 \times 10^{23}) \div (6.02 \times 10^{23}) = 0.5$　0.5 モル

問 2 (1) $55.85 \div 55.85 = 1$　1 モル
(2) $197.0 \times 2 = 394.0$　394.0 g

問 3 (1) CH_4（メタン）　$(12.01) + (1.008 \times 4) = 16.042$ → 16.04
(2) N_2（窒素）　$14.01 \times 2 = 28.02$　28.02
(3) O_3（オゾン）　$16.00 \times 3 = 48.00$　48.00

問 4 (1) KCl（塩化カリウム）　$39.10 + 35.45 = 74.55$　74.55
(2) $MgCl_2$（塩化マグネシウム）　$24.31 + (35.45 \times 2) = 95.21$　95.21
(3) Fe_2O_3（酸化鉄）　$(55.85 \times 2) + (16.00 \times 3) = 159.70$　159.70

ワンポイント・レッスン 3

問 1 (1) ○　(2) ○　(3) ×　(4) ×　(5) ○　(6) ○　(7) ×　(8) ×　(9) ×　(10) ×

問 2 次ページに掲載

ワンポイント・レッスン 4

問 1 $PV = nRT$ のうち、問の条件では n、R、T は変化しないので、平地の P_1V_1 と山の上の P_2V_2 はイコールで結ばれます。

$P_1V_1 = P_2V_2$
$V_2 = (P_1/P_2)\,V_1 = (1/0.5)\,V_1 = 2V_1$　2 倍になる。

問 2 $P_1V_1 = P_2V_2$
$P_2 = P_1(V_1/V_2) = 1.01 \times 10^5\,(2/3) = 6.73 \times 10^4$　6.73×10^4 Pa

問 3 $PV = nRT$
$V = nRT/P = (2)\,(8.31 \times 10^3)\,(300)/(1.01 \times 10^4) = 494$　494 L

ワンポイント・レッスン3

問2

化学式	名前	○ or ×
NaCl	塩化ナトリウム	×
KCl	塩化カリウム	×
LiCl	塩化リチウム	×
$MgCl_2$	塩化マグネシウム	×
$CaCl_2$	塩化カルシウム	×
$AlCl_3$	塩化アルミニウム	×
Fe_2O_3	酸化鉄	×
Al_2O_3	酸化アルミニウム	×
CuO	酸化銅	×
MnO_2	酸化マンガン	×
$CuSO_4$	硫酸銅	×
$ZnSO_4$	硫酸亜鉛	×
KNO_3	硝酸カリウム	×
$NaNO_3$	硝酸ナトリウム	×
Au	金	×
Ag	銀	×
Cu	銅	×
Fe	鉄	×
Al	アルミニウム	×
H_2O	水	○
CO_2	二酸化炭素	○
CO	一酸化炭素	○
Ar	アルゴン	○
N_2	窒素	○
NH_3	アンモニア	○
H_2S	硫(りゅう)化(か)水素	○
C_2H_5OH	エタノール（エチルアルコール）	○
CH_3COOH	酢酸	○
C_4H_{10}	ブタン	○
C_6H_6	ベンゼン	○

ワンポイント・レッスン5

問1　原子量は Na = 22.99、Cl = 35.45、ゆえに、式量は 22.99 + 35.45 = 58.44
必要な物質量は1モルなので、答えは 58.44 g になる。

問2　原子量は K = 39.10、Cl = 35.45、ゆえに、式量は 39.10 + 35.45 = 74.55
必要な物質量は 2 × 2 = 4 で 4 mol なので、74.55 × 4 = 298.20、答えは 298.20 g

問3　原子量は Na = 22.99、O = 16.00、H = 1.008、ゆえに、式量は 22.99 + 16.00 + 1.008 = 39.998 となる。
必要な物質量は 2 × 200/1000 = 0.4 で 0.4 mol なので、39.998 × 0.4 = 15.9992
答えは 16.00 g

問4　NaOH の式量は上で計算したように 39.998 です。
20.00 ÷ 39.998 = 0.5000　　0.5 mol です。
これが1Lに溶けているのですから、0.5 mol/L です。

問5　原子量は C = 12.01、H = 1.008、O = 16.00、
ゆえに、分子量は (12.01 × 6) + (1.008 × 8) + (16.00 × 6) = 176.124
必要な物質量は 0.1 × 0.1 = 0.01 で 0.01 mol なので、
176.124 × 0.01 = 1.76124　　1.76 g です。

ワンポイント・レッスン 6

問題なし

ワンポイント・レッスン 7

問 1　$\mathrm{pH} = -\log[\mathrm{H^+}] = -\log(2.5 \times 10^{-6}) = 5.6$

$\mathrm{pH} = -\log[\mathrm{H^+}] = -\log(5.0 \times 10^{-6}) = 5.3$

両者を比較してください。水素イオン濃度が 2 倍になっても pH はあまり下がらないんですね。

問 2　$\mathrm{pH} = -\log[\mathrm{H^+}]$　$3 = -\log[\mathrm{H^+}]$　$-3 = \log[\mathrm{H^+}]$

log の特性を思い出して　$10^{-3} = [\mathrm{H^+}]$　$[\mathrm{H^+}] = 10^{-3}\ \mathrm{mol/L}$

問 3　$\mathrm{pH} = -\log[\mathrm{H^+}]$　$2.6 = -\log[\mathrm{H^+}]$　$-2.6 = \log[\mathrm{H^+}]$

log の特性を思い出して　$10^{-2.6} = [\mathrm{H^+}]$

$10^{-2.6}$ を電卓に入力すると、右の数字が出ます。$2.5 \times 10^{-3}\ \mathrm{mol/L}$

pH 2 と 3 の間だから、10^{-2} と 10^{-3} の間になるはずと分かりますが、実際、間の数になっています。

ワンポイント・レッスン 8

問題なし

ワンポイント・レッスン 9

問 1　(1)　(2) 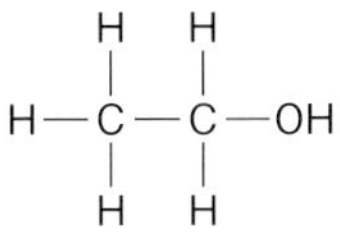　(3) 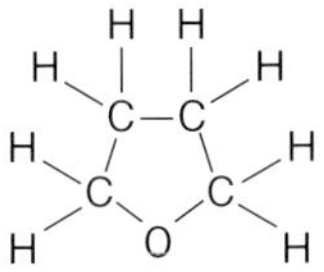　(4)

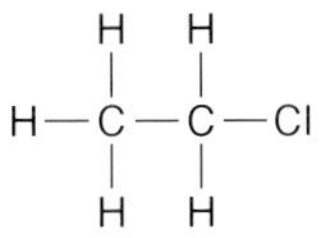

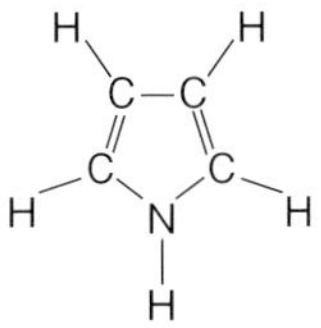

ワンポイント・レッスン 10

問題なし

化学関係基本英単語

A

absolute temperature　絶対温度
acid　酸
acid-base reaction　酸塩基反応
air　空気
air flow　気流
alcohol　アルコール
aldehyde　アルデヒド
alkali　アルカリ
alkaline metal element
　アルカリ金属元素
alkaline earth metal element
　アルカリ土類金属元素
alloy　合金
aluminum　アルミニウム
amide　アミド
amine　アミン
amino acid　アミノ酸
analysis　分析
angle　角度
anion　陰イオン
area　面積
ascending air current　上昇気流
atmosphere　大気
atmospheric pressure　大気圧
atom　原子
atomic number　原子番号

B

base　塩基
battery　電池
blood　血液
boiling point　沸点
bond　結合
bond angle　結合角
bond length　結合長

C

capacitor　キャパシタ
carbon dioxide　二酸化炭素
catalyst　触媒
cation　陽イオン
cell　電池
ceramics　セラミックス
charge　電荷
chemical bond　化学結合
chemical energy　化学エネルギー
chemical reaction　化学反応
chemistry　化学
chlorophyll　クロロフィル
cloud　雲
coal　石炭
colloid　コロイド
combustion　燃焼
composition　組成
concentration　濃度
condensation　凝縮
conductivity　伝導度
conductor　導電体
contraction　収縮
covalent bond　共有結合
crystal　結晶
cupper　銅
current　流れ（電流）

D

data　データ（単数 datum）
descending air current　下降気流
diatomic molecule　二原子分子
dipole interaction　双極子相互作用
dissolution　溶解
distillation　蒸留
distilled water　蒸留水
dry battery　乾電池

E

endothermic reaction　吸熱反応
efficiency　効率
electron　電子
electric current　電流
electric energy　電気エネルギー
electrolyte　電解質
electronegativity　電気陰性度
element　元素
element symbol　元素記号
energy　エネルギー
energy conversion　エネルギー変換
environment　環境
environmental chemistry　環境化学
enzyme　酵素
equation　方程式
equilibrium　平衡
ether　エーテル
evaporation　蒸発
exothermic reaction　発熱反応
expansion　膨張

F

fat　脂肪
fog　霧
formation　生成
formula　式
formula weight　式量
fuel　燃料
fuel cell　燃料電池

G

gas　気体、ガス
generator　発電機
geothermal energy　地熱エネルギー
glass　ガラス
global warming　地球温暖化
gold　金
groundwater　地下水

H

halogen element　ハロゲン元素
heat　熱
heat of reaction　反応熱
heavy metal　重金属
hydrogen　水素
hydrogen bond　水素結合
hydrophilicity　親水性

I

ice　氷
inorganic matter　無機物
insulator　絶縁体
interaction　相互作用
intermolecular force　分子間力
intramolecular interaction
　分子内相互作用
ion crystal　イオン結晶
ionic bond　イオン結合
ionic interaction　イオン相互作用
ionization　電離
ionization tendency　イオン化傾向
iron　鉄
isolation　単離
isomer　異性体

K

ketone　ケトン
K shell　K殻

L

lake　湖
length　長さ
light　光
light energy　光エネルギー

light metal　軽金属
lipophilicity　親油性
liquid　液体
liquefied petroleum gas
　液化石油ガス
lithium　リチウム
lithium ion battery
　リチウムイオン電池

M

main chain　主鎖
mass　質量
measurement　測定
mechanical energy
　力学的エネルギー
melting　融解
melting point　融点
metal　金属
metal bond　金属結合
metal crystal　金属結晶
metallic luster　金属光沢
methane　メタン
mole　モル
molecular crystal　分子結晶
molecular weight　分子量
molecule　分子
monoatomic molecule　単原子分子
monomer　モノマー、単量体

N

natural gas　天然ガス
neutralization　中和
neutron　中性子
nitrogen　窒素
non-electrolyte　非電解質
nonpolar molecule　無極性分子
nuclear energy　核エネルギー
nuclear power generation
　原子力発電
nucleus (nuclei)　原子核 (複数形)

O

ocean　海、大洋
ocean current　海流
oil　油
organic compound　有機化合物
organic matter　有機物
oxidation　酸化
oxidation reaction　酸化反応
oxidation-reduction reaction
　酸化還元反応
oxygen　酸素
ozone layer　オゾン層

P

particle　粒子
petroleum　石油
photosynthesis　光合成
plastics　プラスチック
plutonium　プルトニウム
polar molecule　極性分子
polymer　ポリマー、高分子
pressure　圧力
production　生産
protein　タンパク質
proton　陽子

Q

qualitative analysis　定性分析
quality　質
quantitative analysis　定量分析
quantity　量

R

rain　雨
rare gas element　希ガス元素
reaction　反応
reaction rate　反応速度
redox reaction　酸化還元反応
reduction　還元
reduction reaction　還元反応
resistance　抵抗
river　川
rust　さび

S

salt　塩
sea　海
seawater　海水
semi-conductor　半導体
side chain　側鎖
silver　銀
sky　空
snow　雪
soil　土壌
solar battery　太陽電池
solid　固体
solidification　凝固
solute　溶質
solution　溶液
solvent　溶媒
steam　水蒸気
steel　鋼
strong acid　強酸
strong base　強塩基
sublimation　昇華
sugar　糖
sun light　太陽光
surface tension　表面張力
sustainability　持続可能性

T

temperature　温度
thermal energy　熱エネルギー

U

uranium　ウラン

V

vacuum　真空
vapor　蒸気
voltage　電圧
volume　体積

W

water　水
water drop　水滴
weak acid　弱酸
weak base　弱塩基
weight　重量
wind energy　風力エネルギー

索　引

著者略歴

岡野（おかの） 光俊（みつとし）

東京大学大学院工学系研究科博士課程修了（工学博士）
学習院大学理学部助手を経て、
現在 東京工芸大学工学部教授、学習院大学理学部非常勤講師
環境計量士

専門：エネルギー化学
　　　化学の初心者教育
　　　（持論「勉強は、最初が一番むずかしい」）
著書：『Hyper 基礎有機化学』（丸善，1996）他
趣味：温泉めぐり
　　　ドラム

化学のちから －生命・環境・エネルギーの理解のために－

2018年3月5日　第1版1刷発行

検印省略

定価はカバーに表示してあります.

著作者	岡野光俊
発行者	吉野和浩
発行所	東京都千代田区四番町 8-1 電話 03-3262-9166(代) 郵便番号 102-0081 株式会社 裳華房
印刷所	三報社印刷株式会社
製本所	牧製本印刷株式会社

社団法人
自然科学書協会会員

ISBN 978-4-7853-3514-4

化学ギライにささげる　化学のミニマムエッセンス

車田研一 著　A５判／212頁／定価（本体2100円＋税）

大学や工業高等専門学校の理系学生が実社会に出てから現場で困らないための，“少なくともこれだけは身に付けておきたい”化学の基礎を，大学入試センター試験の過去問題を題材にして懇切丁寧に解説する．

【主要目次】0．はじめに　1．化学結合のパターンの“カン”を身に付けよう　2．“モル”の計算がじつはいちばん大事！　3．大学で学ぶ“化学熱力学”の準備としての“熱化学方程式”　4．酸・塩基・中和　5．酸化・還元は“酸素”とは切り分けて考える　6．電気をつくる酸化・還元反応　7．“とりあえずこれだけは”的有機化学　8．“とりあえずこれだけは”的有機化学反応　9．センター化学にみる，“これくらいは覚えておいてほしい”常識

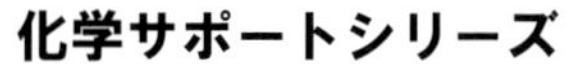

化学サポートシリーズ

化学をとらえ直す　－多面的なものの見方と考え方－

杉森　彰 著　A５判／108頁／定価（本体1700円＋税）

「無機」「有機」「物理」など，それぞれの講義で学ぶ個別の知識を本当の“化学”的知識とするためのアプローチと，その過程で見えてくる自然の姿をめぐるオムニバス．

【主要目次】1．知識の整理には大きな紙を使って表を作ろう　－役に立つ化学の基礎知識とは－　2．いろいろな角度からものを見よう　－酸化・還元の場合を例に－　3．数式の奥に潜むもの　－化学現象における線形性－　4．実験器具は使いよう　－実験器具の利用と新らしい工夫－　5．実験ノートのつけ方　－記録は詳しく正確に．後からの調べがやさしい記録－

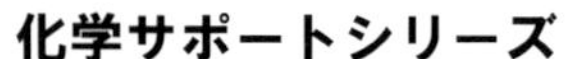

化学サポートシリーズ

化学のための数学

藤川高志・朝倉清高 共著　A５判／208頁／定価（本体2700円＋税）

物理化学の分野では，多くの数学が用いられる．その各領域で用いられている基本的な数学を，化学・材料科学系の学生（初心者）が手っ取り早く使いこなせるように解説したものである．本書では，基本定理の証明は数学書に譲り，定理の使い方，それの意味する物理的内容に記述の重点を置いた．

【主要目次】1．行列と行列式　2．微分と微分方程式　3．ベクトル解析　4．固有値と固有関数　5．複素関数

化学英語の手引き

大澤善次郎 著　A５判／160頁／定価（本体2200円＋税）

長年にわたり「化学英語」の教育に携わってきた著者が，「卒業研究などで困ることのないように」との願いを込めて執筆した．手頃なボリュームで，講義・演習用テキスト，自習用参考書として最適．

【主要目次】1．化学英語は必修　2．英文法の復習　3．化学英文の訳し方　4．化学英文の書き方　5．元素，無機化合物，有機化合物の名称と基礎的な化学用語　　付録：色々な数の読み方

新・元素と周期律

井口洋夫・井口　眞 共著　A５判／310頁／定価（本体3400円＋税）

物性化学の視点から，物質を構成する原子－電子と原子核による－の組立てを解き，化学の羅針盤である周期律と元素の分類，および各元素の性質を論じてこの分野の定番となった『**基礎化学選書　元素と周期律（改訂版）**』を原書とし，現代化学を理解するための新しい“元素と周期律”として生まれ変わった．現代化学を学ぶ方々にとって，物質の性質を理解しその多彩な機能を利用するための新たな指針となるであろう．

【主要目次】1．元素と周期律　－原子から分子，そして分子集合体へ－　2．水素　－最も簡単な元素－　3．元素の誕生　4．周期律と周期表　5．元素　－歴史，分布，物性－

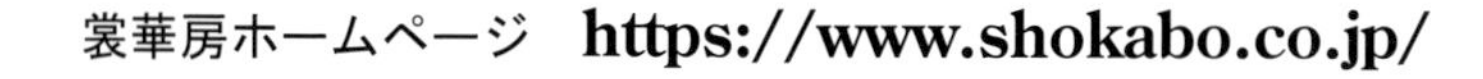

定数など

アボガドロ数	6.02×10^{23}
気体定数	8.31×10^{3} Pa・L・mol^{-1}・K^{-1}
大気圧	1.013×10^{5} Pa = 1 atm

単　位

長さ	メートル	m
	デシメートル	dm　(= 1×10^{-1} m = 10 cm)
	ミリメートル	mm　(= 1×10^{-3} m)
	マイクロメートル（ミクロン）	μm　(= 1×10^{-6} m)
	ナノメートル	nm　(= 1×10^{-9} m)
体積	立方メートル	m^3　(= 1 m × 1 m × 1 m)
	立方デシメートル	dm^3　(= 10 cm × 10 cm × 10 cm)
	リットル*	L　(= 10 cm × 10 cm × 10 cm)

*体積の単位としては特殊だが、広く使われている。

エネルギー	ジュール	J
	ワットアワー*	Wh

*電気関係の分野でエネルギーが扱われるときに使われることが多い。

1 Wh = 3600 J

カロリー	cal

1 cal = 4.184 J